JICHANG FEIXINGQU TESHU QIXIANG
JINGZHUN YUBAO YU ANQUAN PINGGU JISHU

机场飞行区特殊气象
精准预报与安全评估技术

张国平 傅 宁 黄 琰／著

电子科技大学出版社
University of Electronic Science and Technology of China Press

·成都·

图书在版编目（CIP）数据

机场飞行区特殊气象精准预报与安全评估技术 / 张
国平，傅宁，黄琰著. —成都：电子科技大学出版社，
2023.12

ISBN 978-7-5770-0545-4

Ⅰ. ①机… Ⅱ. ①张… ②傅… ③黄… Ⅲ. ①机场－
航空气象预报②飞机－飞行安全－评估 Ⅳ. ①V321.2
②V328

中国国家版本馆 CIP 数据核字（2023）第 169473 号

机场飞行区特殊气象精准预报与安全评估技术
JICHANG FEIXINGQU TESHU QIXIANG JINGZHUN YUBAO YU ANQUAN PINGGU JISHU
张国平　傅　宁　黄　琰　著

策划编辑　刘　愚
责任编辑　刘　愚
责任校对　李　倩
责任印制　段晓静

出版发行　电子科技大学出版社
　　　　　成都市一环路东一段 159 号电子信息产业大厦九楼　邮编　610051
主　　页　www.uestcp.com.cn
服务电话　028-83203399
邮购电话　028-83201495

印　　刷　四川省平轩印务有限公司
成品尺寸　185 mm×260 mm
印　　张　14
字　　数　330 千字
版　　次　2023 年 12 月第 1 版
印　　次　2023 年 12 月第 1 次印刷
书　　号　ISBN 978-7-5770-0545-4
定　　价　98.00 元

序

2022 年，国务院印发《气象高质量发展纲要（2022—2035 年）》（以下简称《纲要》），提出要面向国家重大战略、面向人民生产生活、面向世界科技前沿，以提供高质量气象服务为导向，坚持创新驱动发展、需求牵引发展、多方协同发展，加快推进气象现代化建设，努力构建科技领先、监测精密、预报精准、服务精细、人民满意的现代气象体系，充分发挥气象防灾减灾第一道防线作用，全方位保障生命安全、生产发展、生活富裕、生态良好，更好满足人民日益增长的美好生活需要。通过加快关键核心技术攻关、加强气象科技创新平台建设，增强气象科技自主创新能力，通过建设精密气象监测系统、构建精准气象预报系统、发展精细气象服务系统和打造气象信息支撑系统，加强气象基础能力建设。《纲要》明确提出要实施交通强国气象保障行动，探索打造现代综合交通气象服务平台，加强交通气象监测预报预警能力建设。《"十四五"民用航空发展规划》明确提出完善气象设施、推动管制自动化系统与气象信息融合，提升管制综合运行效率。强化运行协同，提高航空气象和情报服务能力，减少航班延误和返航备降，为飞行节油提供技术支撑。加强民航气象监测预警和精准预报能力，建设气象安全评估体系，对实现智慧民航、绿色民航发展目标以及建设民航强国战略思想的全面推进具有十分重要的意义。

"基于局地气象大数据的场区雷暴等特殊气象实时精准预报及安全评估技术"是国家重点研发计划项目"机场飞行区设施智能监测与互联"所属课题，本书是该课题的成果汇总。从 2020 年 11 月开始到 2023 年 10 月，该课题历经了三年的研究历程，课题组成员开展了大量的关键性理论和技术研究。2021 年，课题组前往西安咸阳国际机场进行实地调研，形成了大型机场飞行区特殊气象预报预警及安全评估现状调研报告，完成了课题总体实施方案和技术路线制定，明确了主要研究内容。课题组研制了"三维组网雷电监测预警集成设备"，完成了"基于多源探测的局地气象大数据三维同化技术""基于大数据挖掘的特殊气象实时精准预报技术""特殊气象主动防范预警技术"研究，开发了"机场飞行区特殊气象精准预报及安全评估系统"。2023 年，课题组在西安咸阳国际机场和汉中机场进行了设备和系统的应用验证并根据验证效果对相关模型、算法进一步优化，形成了特殊气象下的"天气+自动影响预报+安全防范"的主动防范机制，实现了机场飞行区特殊气象安全主动防范。

"基于局地气象大数据的场区雷暴等特殊气象实时精准预报及安全评估技术"课题取得了丰硕成果：基于气象快速同化技术，建立了机场飞行区百米尺度三维大气同化模式，给出水平 200 米尺度、垂直 41 层和 30 分钟间隔分辨率的三维大气状态数据，有效提升了特殊天气实况反演的时空分辨率。基于自主可控的国产数值天气预报模式构建了五维气象大数据仓库，基于深度学习模型建立了飞行区特殊气象精细化预报模型，实现未来 30 小时预报 3 小时更新、2 小时预报 5～15 分钟更新的机场特殊天气精准预报和预警。

研制了三维组网雷电监测预警集成设备，实现了飞行区 200 km 范围内我国风云 4-A 卫星闪电成像和 2 种以上地基雷电探测系统的多源融合、雷电预报和预警，通过"云-端"设计实现了室内、室外和机载的部署与同步运行，有效降低了我国航空及相关行业雷电预警系统的建设成本和周期。构建了机场飞行区特殊气象与航空运行多业务主体的关联分析算法，建立了基于特殊气象实时精准预报的面向机场飞行区航空运行和保障的特殊气象影响自动化定量评估技术。建立机场飞行区特殊气象影响评估决策知识库，形成特殊气象主动防范机制。研发了可视化、数字化的飞行区特殊气象精准预报及安全评估系统，实现三维大气实况、特殊气象精准预报、评估和集成展示等能力。

《机场飞行区特殊气象精准预报与安全评估技术》一书的重要特点是气象基本理论技术与民航实际应用需求深度融合。在气象基本理论技术方面，围绕特殊气象实时精准预报，针对雷电监测预警、百米尺度三维大气同化、大数据挖掘、机器学习展开理论和技术探索，为局地气象实时精准预报预警提供了理论依据和技术方案。在与民航实际应用需求的融合方面，围绕机场飞行区特殊气象主动防范预警，解析了面向机场智联运行的雷暴、低空风切变、低能见度、道面冰雪等特殊气象风险产生机理，构建了精准气象预报与飞机智能协同的机场飞行区特殊气象安全评估模型，建立了实时动态运行预警与处置方法，形成机场飞行区特殊气象风险处置决策机制，为特殊气象条件下的机场运行安全及效率提供决策支持。

基于本课题研究的应用性实践成果为气象、民航相关部门和单位提供了科学预报方法和决策指导，提升了机场飞行区气象监测预报预警和运行决策能力，降低了机场运营风险，提高了集运运营效率。同时，研究成果通过行业内外技术和应用辐射推广，在北京冬奥会和冬残奥会服务保障、杭州亚运会服务保障、国内多个通航机场低空飞行气象保障等方面获得了使用方的高度认可和评价，取得了良好的社会效益和经济效益。

雷暴、低能见度、低空风切变、道面冰雪等恶劣天气是影响机场安全运行的主要气象因素。然而，将机场出现恶劣天气灾害的成因仅仅归结为气象原因是片面的，机场恶劣天气灾害的发生，是气象环境以及机场自身抗灾能力相互作用的结果，其成因具有综合性。随着我国航空事业的飞速发展，尤其是建设民航强国战略思想的全面推进，机场飞行区对气象服务提出了更高的要求。一方面，随着各类研究的深入和应用的加强，气象服务对许多业务相关的数据处理、信息挖掘，以及跨平台应用的要求越来越复杂；另一方面，气象安全服务是一个开放性的应用，面向不同业务用户、运行阶段影响程度不尽相同。因此，在局地天气、特别是局地短生命周期天气的监测和预报预警、气象与民航运行各主体深度融合等方面仍然存在着很多急需解决的问题，需要科研工作者立足民航，用气象科技成果服务民航，把科学研究成果转化为切实有效的措施和手段，加速气象科技在民航实际运行方面的运用，为实现气象高质量发展和民航强国添砖加瓦，贡献力量。

交通运输部原专家委员会成员
科技部原基础设施专家组成员
北京首都国际机场股份有限公司原常务副总经理
中国民航大学机场研究院院长

2023 年 10 月

目　　录

第1章　机场飞行区特殊气象预报、预警及评估技术现状 ………………………… 1

1.1　引言 ……………………………………………………………………………… 1

1.2　机场百米尺度三维大气同化模式技术现状 …………………………………… 1

1.3　机场飞行区雷电预报及预警技术现状 ………………………………………… 2

　　1.3.1　基于雷电监测或大气电场强度测量的雷电预警 ……………………… 2

　　1.3.2　基于雷暴云团追踪的雷电外推预报 …………………………………… 2

　　1.3.3　基于机器学习的雷电密度预测 ………………………………………… 3

　　1.3.4　在数值天气预报模式中同化雷电探测数据及雷电预报 ……………… 3

1.4　机场飞行区风切变和大风预报技术现状 ……………………………………… 4

1.5　机场飞行区低能见度预报及预警技术现状 …………………………………… 5

1.6　机场飞行区道面冰雪预报及预警技术现状 …………………………………… 7

　　1.6.1　国外研究现状 …………………………………………………………… 7

　　1.6.2　国内研究现状 …………………………………………………………… 9

1.7　机场飞行区特殊气象安全评估与主动防范技术现状 ………………………… 10

1.8　小结 ……………………………………………………………………………… 11

参考文献 ……………………………………………………………………………… 11

第2章　特殊气象时空演变气候特征分析 …………………………………………… 23

2.1　引言 ……………………………………………………………………………… 23

2.2　西安机场雷暴天气特征 ………………………………………………………… 23

　　2.2.1　西安机场雷暴时间分布特征 …………………………………………… 23

　　2.2.2　西安机场雷暴空间分布特征 …………………………………………… 28

　　2.2.3　西安机场雷暴环境参数分析 …………………………………………… 29

　　2.2.4　雷暴环境参数对比分析 ………………………………………………… 33

　　2.2.5　西安机场雷暴天气形势分析 …………………………………………… 34

2.3　西安机场低能见度天气特征 …………………………………………………… 35

　　2.3.1　低能见度时间变化特征 ………………………………………………… 35

　　2.3.2　低能见度天气事件库 …………………………………………………… 36

　　2.3.3　持续时间最长的低能见度天气事件 …………………………………… 38

　　2.3.4　强度最强低能见度天气事件 …………………………………………… 41

　　2.3.5　低能见度对应的天气现象 ……………………………………………… 43

2.4　西安机场低空风切变天气特征 ………………………………………………… 45

        2.4.1 低空风切变条件气候特征 ⋯⋯⋯⋯⋯⋯⋯⋯⋯⋯⋯⋯⋯⋯ 45

        2.4.2 大风气候特征 ⋯⋯⋯⋯⋯⋯⋯⋯⋯⋯⋯⋯⋯⋯⋯⋯⋯⋯⋯ 46

    2.5 西安机场道面冰雪天气特征 ⋯⋯⋯⋯⋯⋯⋯⋯⋯⋯⋯⋯⋯⋯⋯ 48

    2.6 小结 ⋯⋯⋯⋯⋯⋯⋯⋯⋯⋯⋯⋯⋯⋯⋯⋯⋯⋯⋯⋯⋯⋯⋯⋯ 51

    参考文献 ⋯⋯⋯⋯⋯⋯⋯⋯⋯⋯⋯⋯⋯⋯⋯⋯⋯⋯⋯⋯⋯⋯⋯⋯ 52

第 3 章 机场百米尺度三维大气同化模式及气象大数据仓库 ⋯⋯⋯⋯ 55

    3.1 引言 ⋯⋯⋯⋯⋯⋯⋯⋯⋯⋯⋯⋯⋯⋯⋯⋯⋯⋯⋯⋯⋯⋯⋯⋯ 55

    3.2 天基、空基、地基气象探测资料数据同化 ⋯⋯⋯⋯⋯⋯⋯⋯ 56

        3.2.1 天基数据 ⋯⋯⋯⋯⋯⋯⋯⋯⋯⋯⋯⋯⋯⋯⋯⋯⋯⋯⋯⋯ 57

        3.2.2 空基数据 ⋯⋯⋯⋯⋯⋯⋯⋯⋯⋯⋯⋯⋯⋯⋯⋯⋯⋯⋯⋯ 57

        3.2.3 地基数据 ⋯⋯⋯⋯⋯⋯⋯⋯⋯⋯⋯⋯⋯⋯⋯⋯⋯⋯⋯⋯ 57

    3.3 百米尺度的三维大气实况反演模式 ⋯⋯⋯⋯⋯⋯⋯⋯⋯⋯⋯ 58

        3.3.1 系统分析精度 ⋯⋯⋯⋯⋯⋯⋯⋯⋯⋯⋯⋯⋯⋯⋯⋯⋯⋯ 58

        3.3.2 高精度 DEM 数据应用 ⋯⋯⋯⋯⋯⋯⋯⋯⋯⋯⋯⋯⋯⋯ 59

    3.4 海量数据处理 ⋯⋯⋯⋯⋯⋯⋯⋯⋯⋯⋯⋯⋯⋯⋯⋯⋯⋯⋯⋯ 59

        3.4.1 海量数据处理技术 ⋯⋯⋯⋯⋯⋯⋯⋯⋯⋯⋯⋯⋯⋯⋯⋯ 60

        3.4.2 多模块并行 ⋯⋯⋯⋯⋯⋯⋯⋯⋯⋯⋯⋯⋯⋯⋯⋯⋯⋯⋯ 60

    3.5 数据快速同化 ⋯⋯⋯⋯⋯⋯⋯⋯⋯⋯⋯⋯⋯⋯⋯⋯⋯⋯⋯⋯ 62

        3.5.1 核心算法 ⋯⋯⋯⋯⋯⋯⋯⋯⋯⋯⋯⋯⋯⋯⋯⋯⋯⋯⋯⋯ 62

        3.5.2 核心算法并行化 ⋯⋯⋯⋯⋯⋯⋯⋯⋯⋯⋯⋯⋯⋯⋯⋯⋯ 63

    3.6 高分辨率五维气象要素产品 ⋯⋯⋯⋯⋯⋯⋯⋯⋯⋯⋯⋯⋯⋯ 63

        3.6.1 产品特征 ⋯⋯⋯⋯⋯⋯⋯⋯⋯⋯⋯⋯⋯⋯⋯⋯⋯⋯⋯⋯ 63

        3.6.2 产品在强对流过程分析诊断中的应用 ⋯⋯⋯⋯⋯⋯⋯⋯ 64

    3.7 实时分析系统 ⋯⋯⋯⋯⋯⋯⋯⋯⋯⋯⋯⋯⋯⋯⋯⋯⋯⋯⋯⋯ 72

        3.7.1 局地气象大数据三维同化技术实现 ⋯⋯⋯⋯⋯⋯⋯⋯⋯ 72

        3.7.2 雷达数据对高分辨率融合系统的贡献 ⋯⋯⋯⋯⋯⋯⋯⋯ 74

        3.7.3 气象大数据仓库建设 ⋯⋯⋯⋯⋯⋯⋯⋯⋯⋯⋯⋯⋯⋯⋯ 79

    3.8 小结 ⋯⋯⋯⋯⋯⋯⋯⋯⋯⋯⋯⋯⋯⋯⋯⋯⋯⋯⋯⋯⋯⋯⋯⋯ 80

    参考文献 ⋯⋯⋯⋯⋯⋯⋯⋯⋯⋯⋯⋯⋯⋯⋯⋯⋯⋯⋯⋯⋯⋯⋯⋯ 81

第 4 章 机场飞行区雷电监测、预报及预警技术 ⋯⋯⋯⋯⋯⋯⋯⋯⋯ 83

    4.1 陕西省和西安机场雷电气候特征分析 ⋯⋯⋯⋯⋯⋯⋯⋯⋯⋯ 84

    4.2 用于闪电预报的数据介绍 ⋯⋯⋯⋯⋯⋯⋯⋯⋯⋯⋯⋯⋯⋯⋯ 85

    4.3 用于模型训练 ⋯⋯⋯⋯⋯⋯⋯⋯⋯⋯⋯⋯⋯⋯⋯⋯⋯⋯⋯⋯ 85

    4.4 预报检验方法和结果分析 ⋯⋯⋯⋯⋯⋯⋯⋯⋯⋯⋯⋯⋯⋯⋯ 87

    4.5 小结 ⋯⋯⋯⋯⋯⋯⋯⋯⋯⋯⋯⋯⋯⋯⋯⋯⋯⋯⋯⋯⋯⋯⋯⋯ 87

    参考文献 ⋯⋯⋯⋯⋯⋯⋯⋯⋯⋯⋯⋯⋯⋯⋯⋯⋯⋯⋯⋯⋯⋯⋯⋯ 88

第5章 机场飞行区风切变预报及预警技术 ·········· 91

5.1 引言 ·········· 91

5.2 基于人工智能的强风切变预报模型 ·········· 92

　　5.2.1 基于编码-解码（Encoder-Decoder）架构的风场订正和外推 ·········· 95

　　5.2.2 算法流程 ·········· 96

5.3 基于人工智能的强风切变预报检验 ·········· 97

　　5.3.1 检验对象 ·········· 97

　　5.3.2 检验结果 ·········· 98

5.4 小结 ·········· 104

参考文献 ·········· 104

第6章 机场飞行区低能见度预报及预警技术 ·········· 105

6.1 引言 ·········· 105

6.2 基于人工智能方法的预报模型构建 ·········· 105

　　6.2.1 数据 ·········· 105

　　6.2.2 方法 ·········· 107

　　6.2.3 模型构建与验证 ·········· 112

6.3 机场能见度特征及不同算法模型表现讨论 ·········· 116

　　6.3.1 机场小时能见度的日平均值和趋势 ·········· 116

　　6.3.2 不同算法模型的预测表现 ·········· 118

6.4 小结 ·········· 118

参考文献 ·········· 119

第7章 机场飞行区道面冰雪预报及预警技术 ·········· 120

7.1 引言 ·········· 120

7.2 资料及方法介绍 ·········· 121

　　7.2.1 模型及方法介绍 ·········· 121

　　7.2.2 使用资料介绍 ·········· 123

7.3 道面冰雪预报及效果检验 ·········· 126

　　7.3.1 道面冰雪短临预报及效果检验 ·········· 126

　　7.3.2 道面冰雪短期预报技术 ·········· 139

7.4 小结 ·········· 143

参考文献 ·········· 143

第8章 机场飞行区特殊气象安全评估与主动防范技术 ·········· 145

8.1 引言 ·········· 145

8.2 特殊气象对机场飞行区航空运行的影响 ·········· 145

8.2.1 西安机场航班运行特征分析 ———————————— 145

8.2.2 雷暴天气对机场飞行区航空运行的影响 ————— 155

8.2.3 低能见度天气对机场飞行区航空运行的影响 —— 166

8.2.4 低空风切变对机场飞行区航空运行的影响 ——— 170

8.2.5 道面冰雪对机场飞行区航空运行的影响 ———— 174

8.3 特殊气象影响评估方法 ————————————————— 185

8.3.1 雷暴天气影响评估方法 ———————————————— 186

8.3.2 低能见度影响评估方法 ———————————————— 192

8.3.3 低空风切变影响评估方法 —————————————— 195

8.3.4 道面冰雪影响评估方法 ———————————————— 197

8.4 特殊气象主动防范预警技术 ————————————— 199

8.4.1 雷暴主动防范预警 —————————————————— 199

8.4.2 低能见度主动防范预警 ———————————————— 203

8.4.3 低空风切变主动防范预警 —————————————— 203

8.4.4 道面冰雪主动防范预警 ———————————————— 205

8.5 西安机场夏季高温航空器起飞减载分析 ————— 206

8.5.1 相关概念 ——————————————————————————— 206

8.5.2 西安机场夏季温度和基准温度变化趋势 ———— 207

8.5.3 机型选取 ——————————————————————————— 208

8.5.4 计算方法 ——————————————————————————— 209

8.5.5 结果分析 ——————————————————————————— 209

8.6 小结 ——————————————————————————————— 213

参考文献 —————————————————————————————————— 213

致谢 ————————————————————————————————————— 216

第1章　机场飞行区特殊气象预报、预警及评估技术现状

1.1　引　言

随着全球经济的快速发展，航空运输已经成为重要的交通方式之一。然而，航空运输也面临着各种挑战，其中之一就是气象条件的影响。在机场飞行区，由于飞机的飞行速度和高度限制，一些特殊气象条件可能会对飞机的飞行安全产生威胁。因此，对机场飞行区的气象条件进行预报、预警及评估具有重要意义。我国气象探测体系建设日趋完备，地面加密气象自动站、探空、风廓线雷达、常规天气雷达、区域加密雷达、极轨气象卫星、静止气象卫星等新一代观测系统为开展机场飞行区特殊气象预报、预警及评估提供了有力的数据保障。新一代高分辨率数值模式同化系统和高分辨率数据天气预报模式也为开展飞行区特殊气象预报、预警提供了基础的三维大气预报数据支撑。三维大气快速同化技术和机器学习技术的引入，更是显著提升了机场飞行区特殊气象预报、预警的准确率。本章分别针对机场百米尺度三维大气同化模式技术和雷电、风切变、低能见度和机场道面冰雪的预报技术进行阐述，侧重于机器学习新技术的应用，为本书其他章节的内容做一铺垫。

1.2　机场百米尺度三维大气同化模式技术现状

航空安全迫切需要国内机场和飞行区雷暴等中小尺度强对流天气快速精准的气象服务。由于中国地形复杂，基于有限地面和探空站观测数据以及雷达回波来捕捉和预测中小尺度强对流天气，往往缺乏区域代表性，数据也只能覆盖有限的时间和空间，不够全面。要获得更为精准、翔实、可靠的三维大气实况，需通过数据同化模式输出更高时空分辨率的大气分析产品。

目前数据同化方法有很多种，除了只使用测站值的简单客观分析方法（Cressman，1959；Barnes，1964；Shepard，1968）、缺乏物理约束条件的逐步订正方法（Bergthorsson et al.，1955）、利用了历史资料的最优插值方法（Gandin，1965）外，还有引入先验概率的滤波法（Kalman，1960；Kalman et al.，1961）、考虑了多变量物理上合理性的变分法（Sasaki，1958）等。其中变分法是较常用的同化方法之一，其特点是加入强物理约束条件，分析结果在物理上较合理，并适合对接预报模式；但其分析结果与实测有较大差别，且模式计算量较大。

需要研发一个综合利用各种同化方法的数据融合方法，其融合结果能准确地反演真实大气三维结构，在物理上合理并准确地反映大气中各尺度的物理现象，同时需增加地形调整等特殊处理功能。该方法的算法透明且计算速度快，在时效性、准确度和对海量数据的处理上具有明显优势（Xie et al.，2011）。

1.3 机场飞行区雷电预报及预警技术现状

1.3.1 基于雷电监测或大气电场强度测量的雷电预警

雷暴单体在增强或移动的过程中，邻近某一位置的大气电场强度会快速增强，且当其大于一定阈值时就导致空气被击穿而发生雷电。在没有用到天气雷达、卫星和雷电定位探测资料的情况下，基于大气电场强度的雷电预警成为一种重要的单点雷电预警手段，而且按应急管理部的要求，我国易燃易爆企业需要安装大气电场仪并开展基于大气电场实时观测的雷电预警。基于大气电场仪的雷电预警，时间提前量很少，并只对初雷的预测有一定的作用，当雷电已经发生后是否还会持续或减弱则基本不具备预警能力。虽然在目标区域周边进行多个大气电场仪的布设，可以通过电场强度在空间上的变化预测来雷的方向并进一步分析雷暴云团的增强或消亡，但雷暴云团内部电场强度时空变化的复杂性，导致了基于大气电场强度仪的雷电预警精度很低。而且目前大气电场仪观测的值没有统一的标准，同时大气电场仪对周边电磁环境要求非常高，这进一步限制了基于大气电场强度观测的雷电预警能力。

1.3.2 基于雷暴云团追踪的雷电外推预报

1.3.2.1 基于雷达回波的雷电外推预报

从雷电的起电机制看，冰晶粒子的含量及其垂直运动速度等与电荷密度有直接的关系，各种研究也揭示了天气雷达回波强度、强回波高度、0 ℃层和−20 ℃高度上大于 40 dBZ 的回波面积等因子与雷电密度有着显著的非线性关系，雷达回波在垂直方向的变化也与雷电密度具有显著的关系（Liu et al.，2012）。而且有研究表明，负云地闪的密度与垂直液态水含量、最大回波强度、单体高度等有很强的相关性（MacGorman et al.，2007），利用这些指标可以直接对雷电进行预警并能取得较好的效果（刘维成等，2015）。

在多普勒天气雷达覆盖的地区，通过对该地区雷达回波因子与雷电密度的统计可以建立雷暴云的识别标准，然后结合雷电定位实况数据对雷暴云团中雷电潜在高密度区进行分类提取，接着利用多种方法进行雷暴云的追踪并获取雷暴云移动的速度和方向，在此基础上对未来 2 小时的雷电发生区域进行预测。

该方法要求区域内天气雷达有效覆盖，对快速移动的雷暴云团或稳定少动的雷暴云团具有较高的预测准确率。但该方法对生消中的雷暴单体内的雷电预测能力较差，相应地，雷电预警准确率也会非常低。一种补偿的方法是除了对雷暴云团移动的时间序列轨迹进行预测外，再对雷暴云团雷达回波强度的趋势变化进行预测，从而对生消中的雷暴进行有效的雷电预测（张国平等，2022）。

1.3.2.2 卫星云顶亮温与雷电的关系研究

基于 FY-2E 气象卫星等效黑体亮温（TBB）和云分类（CLC）及全球雷电探测网（WWLLN）雷电数据，通过对 TBB 不超过−32 ℃的云区进行椭圆拟合，定义 1 小时内上述云区或椭圆区域有 WWLLN 雷电发生的个例为雷暴云，获得雷暴云时间、位置、形态、结构、雷电活动等特征参量，构建雷暴云特征数据集，并基于该数据集初步分析了我国陆地和毗邻海域的雷暴活动特征（马瑞阳等，2021）。有研究表明，静止气象卫星观测的云顶性质对卫星观测的初始雷电具有先兆指示作用（Mecikalski et al.，2013）。

1.3.3 基于机器学习的雷电密度预测

雷达、卫星等观测数据本质属于图像的范畴，而近年来深度学习在图像识别领域取得极大成功。对于已经生成的雷暴，传统的外推算法（光流法、TITAN、SCIT 等）虽然能够有效地判断对流的移动趋势，但是无法判断对流系统的生消演变等特征。利用机器学习改进雷达回波外推预报的技术，随着香港科技大学施行建博士（2015）提出的能解决图片时序预测的 ConvLSTM 模型（即将传统 LSTM 的全连接层改为卷积层）的建立，已取得突破性进展。考虑到雷达回波生消的非流体特性，TrajGRU 在 ConvLSTM 的基础上，引入可变形动态邻域，充分考虑了雷达回波的长空间依赖关系。尽管 ConvLSTM 和 TrajGRU 可以在一定程度上刻画雷达回波的动态变化过程，从模型内部结构看，二者的有效特征信息传递仍局限于同一尺度的特征空间，而忽略了不同尺度特征空间的相互关联性和指导作用。为此，PredRNN 在 ConvLSTM 的基础上，引入跨层记忆信息传递，这样可以同时更好地描述雷达回波大、小尺度及其变化特征。此后，PhyDNet、MetNet、ATMConvGRU 等深度学习神经网络模型先后涌现，使得基于输入帧图像预测未来帧图像的技术更加成熟和准确（Yu T Z et al.，2022）。外推算法是预报生命史相对长的雷暴，特别是超级单体、强飑线和锋面降水雨带的有效手段。对于生命史小于 30 分钟的雷暴，还需判断其生成和消散。气象卫星能够监测对流云形成初始阶段的相关特征，如云体厚度快速增加、云顶温度急剧下降、云顶相态的变化等，从而实现对流初生的识别监测。此外，大气电场数据能够实现雷暴云过境时的临近预警，高分辨率数值模式的预报结果可以转化为未来 3～7 天的雷电预报。如何深度挖掘各种数据的优势，将多源数据进行有效融合，实现不同数据源之间的补充和校正是当下亟待解决的问题。

1.3.4 在数值天气预报模式中同化雷电探测数据及雷电预报

在没有天气雷达等资料的情况下，或者需要对超过 2 小时的雷电进行预测时，基于数值天气预报模式的雷电预报就可以发挥作用。

在数值天气预报模式中同化雷电探测数据可以显著提升降水、强对流甚至是雷电本身的预报准确率（Lynn et al.，2015）。Fierro 等（2012，2014，2019）利用 WRF 模式在云团尺度上同化雷电探测数据并分析其在龙卷风等强对流天气短临预报中的作用。Mansell（2014）提出了风暴尺度集合卡漫滤波方法同化总闪数据。Marchand 等（2015）提出了一种张弛逼近方法来同化雷电探测数据以改进预报效果。Allen 等（2016）研究了 GOES-R 雷电探测数据的集合卡漫滤波同化方法。

Famell 等（2017）研究利用雷电跃增作为强对流天气预测的指标因子。Dafis 等（2018）建立了一个显式的雷电预报系统。

国内在雷电数据同化方面主要借鉴国外的同化方法开展相关研究。冉令坤等（2012）开展了 TRMM 雷电资料的同化研究，Qie 等（2014）开展了总闪数据在 WRF 模式中的同化研究，Zhang 等（2017）利用三维变分技术对总闪数据进行同化，Wang 等（2017，2018）在 WRF 模式中同化了雷电数据并改进了雷电和降水预报的精度，陈志雄（2020）开展了强对流过程的雷电活动及其在临近预报中的同化应用研究，刘鹏（2022）对 FY-4A-LMI 雷电资料进行了同化研究，经过快速同化可以明显改进对雷达回波的预报。

1.4   机场飞行区风切变和大风预报技术现状

低空风切变是 500 m（约 1600 ft）以下风向风速在空间上的变化，是飞行器起飞、着陆阶段威胁飞行安全的主要危险因素之一。低空风切变具有持续时间短、尺度小、强度大、发生突然的特点，再加上目前天气图表和普通的气象雷达等设备无法直接探测，因此它对航空安全造成很大危害，是国际航空界和气象界广泛重视的难题。经过民航和气象机构多年的共同探索和研究，低空风切变监测和预警研究已经取得了一定的进展。在我国香港、北京、青岛等地的部分机场安装低空风监测设备或风切变报警系统，已能探测到部分低空风切变。张曦等使用安装在北京首都国际机场跑道旁的多普勒激光雷达进行下滑道风场扫描，获取飞机起降区域的三维风场结构，并使用飞机机组的风切变报告对研究结果进行验证。结果表明能检测出飞机下滑道路径上的风切变，预警率达到 73%。尽管如此，在民航业界，如何监测和预报低空风切变仍然是一个难题。工作人员一般通过将天气过程分类，凭经验进行定性分析和预报，或通过再分析资料来分析风切变的时空特征，或通过中尺度数值模式模拟低空风切变的发展过程。如赵志军统计了 1992 至 2005 年发生在西安咸阳国际机场的低空风切变事件，显示低空风切变主要出现在 6、7、8 月，而且多数与强对流天气有关，约占 70%，发生的频率也逐年增加。孙少明等对乌鲁木齐机场五年间低空风切变事件做了统计分析，发现它多发生于春季的 4—5 月及夏季的 7 月。马敏劲研究了 2007 年至 2008 年北京首都国际机场气象观测资料和低空风切变的航空记录资料，发现低空风切变主要发生在冬春两季。他利用数值模式不仅模拟出首都国际机场的低空风切变，还模拟出低空风切变自西北向东南方向的发展过程，认为高空动量下传可能是诱发机场低空风切变的重要原因。吴丹等分析 2014 年至 2017 年石家庄正定国际机场的 31 次低空风切变航空记录，发现低空风切变春季最多，夏季次之；主要出现在午后和傍晚，午后 14 时为峰值；天气形势方面，主要有西北气流型、低涡型、西风槽型和横槽型，其中西北气流型出现低空风切变次数最多，且多在春冬季，春季最多。另外低涡型对流天气易出现低空风切变。

总结大量分析研究可知，一般低空风切变种类有以下几种。

1. 雷暴型低空风切变

雷暴是产生风切变的重要天气条件之一。雷暴产生的下击气流主要有两种：一种是在雷暴云的正下方的强下沉气流产生的下击气流，其特点是范围小、持续时间短、强度大，大致在雷达回波的正下方；另一种是雷雨中的下击气流到达地面后，形成强烈的冷性气流向四周传播，这股气流可传到离雷暴主体 20 km 外的地方。

2. 锋面型低空风切变

锋面是产生风切变最多的气象条件。由于锋面两侧的气象要素具有不连续性，锋面过渡区的垂直结构是产生大风及风切变的重要条件。

3. 台风型低空风切变

我国东南沿海机场经常受到台风天气影响。一方面，台风的外围由螺旋云带组成，云带中有大量的暴雨云团，具有巨大的不稳定能量；另一方面，台风附近风速一般都在 30 m/s 以上，阵风可达 50 m/s 以上，台风接近机场时水平风切变可达 20 m/s～30 m/s 以上，严重影响飞行安全，因此，这种情况一般都会取消所有航班。

4. 地形及山地波型的低空风切变

机场周边地形的动力或热力作用经常导致机场周边的风向、风速发生改变，容易产生风切变。

预报人员根据对本场气象资料的分析，总结出大致的低空风切变指标，当条件满足时便发布相应警报。以珠海机场为例：

（1）在天气形势预计本场有雷暴时，雷达回波上看到距本场 20 km 上游方向，有中到强回波向本场移来，并且本场的 K 指数达到（含）36 以上，本场的地面温度急剧降低，同时伴随风速风向剧变，地面阵风比平均风速高 8 m/s 以上，或两个测站间的风速差大于 8 m/s 时，发布低空风切变警报。

（2）有台风在本场 200 km 范围内移来，平均风速度 15 m/s，地面阵风比平均风速高 8 m/s 以上，或两个测站间的风速差大于 8 m/s 时，发布低空风切变警报。

（3）预计有中到强冷空气过境，当地面图上在珠江三角洲的等压线密度在 5 个纬距内多于 5 条时，易引起冷锋后大风，并且在锋面附近有较强的风切变。当平均风速大于等于 9 m/s，地面阵风比平均风速高 15 m/s 以上，或两个测站间的风速差大于 8 m/s 时，发布低空风切变警报。

1.5 机场飞行区低能见度预报及预警技术现状

机场低能见度事件将影响飞机起降、人员安全，可能造成重大经济损失，这使得对机场能见度预测进行深入研究变得非常迫切。自 20 世纪 50 年代以来，能见度预测方法一直受到世界各国的关注。研究人员普遍选择了两种数据作为机场能见度预测的输入变量，一种是细颗粒物（PM）和大气气溶胶（Abbey et al.，1995；Iwakura et al.，1999；Shu et al.，2016；Won et al.，2020），另一种是可能影响能见度的各种气象要素（Franca et al.，2018；Kneringer et al.，2018 年；Kutty et al.，2018，Liu et al.，2021）。在预测方法方面，人工智能方法是近年来机场能见度研究的主流。朱蕾和朱国栋（2010）利用 2004 年至 2006 年每年 11 月至次年 2 月的每半小时一次的自动气象站观测资料，分别建立了乌鲁木齐机场跑道视程大于 800 m 和小于 800 m 两个 SVM 推理模型,并进行了跑道视程的预测试验。结果显示:对训练集的回报、对试验集的预报、对检验集预测的 TS 评分在 48%～75%。陈甫(2012)分析了成都双流机场历年主导能见度月均值的主要特点,介绍了使用差分自回归移动平均模型拟合成都双流机场历年主导能见度月均值并使用 BP 神经网络减少误差的混合模型,对该模型进行了检验,并使用该模型进行了预测,发现随着预测时间的延长,误差逐渐变大,但两年内的预测结果比较令人满意。Debashree 等(2015)选择了 NO_2、风速、相对湿度、CO 和温度作为参数,并使用人工神经网络(ANN)模型来预测冬季大雾期间加尔各答机场未来 3 小时的能见度。Zhu 等(2017)使用 2007 年至 2016 年乌鲁木齐地窝堡国际机场的逐小时观测资料和深度神经网络(DNN)建立机场能见度回归预测模型,发现当能见度≤1 km 时,绝对误差为 325 m,该方法也可以预测能见度的趋势。朱国梁(2018)选取乌鲁木齐地窝堡国际机场 2007 年至 2016 年每年 10 月至次年 3 月的逐小时观测资料,尝试使用多层感知器(multilayer perceptron,MLP)神经网络方法,建立主导能见度的回归预测模型,得到该模型预测主导能见度的平均绝对误差为 706 m,对小于 1000 m 的主导能见度平均绝对误差为 325 m。Kneringer 等(2018)指出,基于有序逻辑回归(OLR)模型的机场能见度预报系统是维也纳国际机场在最短交付时间内的有力竞争者,该系统计算速度快,可在新数据可用时即时更新。基于 ANN,Ouz 和 Pekin(2019)使用温度、露点温度、压力、风速和相对湿度建立了埃森堡机场的雾能见度预测模型,但发现 2016 年和 2017 年的结果低于预期。基于 2010 年至 2010 年的训练数据,在比较了模糊隶属度、ANN 和自适应神经模糊推理系统(ANFIS)之后,Goswami 等(2020)指出,ANFIS 为德里机场大雾期间提供的能见度预测误差最小(9.09%)。王楠等(2020)利用 2015 年至 2018 年乌鲁木齐地窝堡国际机场航空例行天气报告(METAR 报)、ECMWF(european centre for medium-range weather forecasting)细网格数值预报产品对影响能见度的主要因子进行分析,采用支持向量学习机(SVM)方法,分别基于 Poly、RBF 核函数建立乌鲁木齐地窝堡国际机场未来 21 小时能见度预报模型,结合 NCEP/NCAR 再分析资料研究 SVM-RBF 模型对天气过程的预报表现,发现模型对于特定天气形势下引发的低能见度天气,预报误差较小且预报提前量较大。在 Bueno 等(2020)的研究中,考虑了 SVM 和极限学习机器(ELM)两种机器学习分类算法来预测巴利亚多利德机场的低能见度事件,这两种算法提供了更好的结果。高嵩(2020)运用深度学习方法建立机场主导能见度回归预测模型,也取得良好效果。文俊鹏等(2021)建立了广州白云机场能见度的多元逐步回归和 BP 神经网络逐 3 小时的客观预报模型,并对白云机场 2015 年一次低能见度天气过程进行预报分析,结果表明 BP 神经网络预报与实况相比,预报大雾出现时间与实际时间仅相差 1 个时次(3 h),大雾消失时间一致,最低能见度相差 261 m。李俊敏和何光勤(2021)构建了基于 BP 神经网络算法的低能见度预测模型,将与能见度相关的 4 种主要气象因子作为输入参数,对普洱思茅机场早晨 07:00～07:25 能见度进行预测及精度分析,其预测总误差的方差为 0.1392,决定系数 R2 达到 0.97 以上。Liu 等(2021)的研究发现,基于 4 个输入变量(气压、温度、相对湿度和 2 min 平均风速),结合径向基函数(RBF),支持向量机(SVM)模型(SVM-RBF)对跑道视距和气象光学视距具有更好的泛化能力和拟合度。另外,考虑到机场雾预测是一种回归方法,使用

ANN 可以预测美国西北部 39 个机场的能见度，时间范围长达 12 h（Marzban et al.，2007）。澳大利亚堪培拉国际机场的基于 ANN 的模型可以预测多达 18 h 的雾事件（Fabbian et al. 等，2007）。基于气象要素和空气污染指标，Deng 等使用 LSTM 模型并引入加权损失函数来预测机场的低能见度。结果表明，在适当的超级参数下，能见度的 RMSE 在 1600 m 以下下降 37%，在 800 m 以下下降 21%。Won 等调查了 2015 年至 2017 年韩国仁川国际机场的能见度及其与 $PM_{2.5}$ 和 PM_{10} 的关系，建立了一个截断回归模型来定量描述能见度的变化。这表明，能见度下降主要由 $PM_{2.5}$ 与气象因素（如雾、霾、高温、低相对湿度和弱风速）的相互作用决定。Ramón 和 Sara 通过马尔可夫链模型和机器学习技术，讨论了西班牙维拉努布拉机场低能见度事件的每小时短期预测，包括 PM_{10}、$PM_{2.5}$、温度、降水、压力、相对湿度、风速和风向。Wu 等使用机场地面站的大气状态信息构建高原机场能见度预测模型，通过长期短期记忆网络（LSTM）预测未来 1～6 h 高原机场的小时能见度。Liu 等使用数据驱动的深度学习方法和多重非线性回归分析方法分析了跑道视距（RVR）与地面气象要素之间的关系，并将原始图像转换的伪彩色图像输入由两个流行的卷积神经网络（CNN）模型 VGG-16 和 Xception 集成的深度模型中进行分析。正是由于机场低能见度形成原理和消散机制都极其复杂，故而通过机器学习方法构建的机场低能见度预报模型具有较高的精度和较好的模型泛化能力。

1.6 机场飞行区道面冰雪预报及预警技术现状

1.6.1 国外研究现状

冬季积雪、积冰天气是影响美欧等中高纬度国家或地区交通的主要因素。国外在路面温度和路面状况预报方法方面研究内容非常丰富，早期他们开展了基于热传导方程方法研究。如 1957 年，美国学者首先用无限表面的介质温度周期性变化时的热传导方程的解来确定路面的最高温度。假定路面为均质半无限体，在路表处受气温、太阳辐射和地面辐射的热力作用，其中，气温按照正弦周期变化，太阳辐射按照正弦正半波变化，而地面辐射为太阳辐射的 1/3，推导出路面温度场的计算公式。1972 年，Williamson 在 Schenk 的基础上对有限差分方法求解一维热传导方程的程序进行了改进，使其能够计算温度的日变化情况。模型的输入参数包括各小时的气温和太阳辐射等气象参数，以及包括路面材料的热传导率、比热和路表对太阳辐射的吸收率和反射率等路面材料的热学参数。同年，Christison 等以一维热传导方程为基础，建立了利用有限差分方法求解沥青路面温度状况的预估模型。这个模型先建立了气温日温差以及日最低气温与气温达到最低时沥青路面不同深度处温度之间的简单线性回归方程，得到路面温度状况的粗略结果，然后将其作为初始条件和边界条件代入预估模型，得到路面温度的准确状况。Hermansson 建立了高温条件下的沥青路面温度计算仿真模型。模型的输入参数包括各小时太阳辐射、气温和风速。模型中入射路表和从路表发出的长波辐射分别由气温和路表温度计算得到，被路表吸收的入射的短波辐射部分则由路表的反射率计算得到，而路表温度的对流损失由风速、气温和路表温度计算得到。

此外，一些学者还利用统计回归方法，开展了路面温度同气温、太阳辐射等环境气象要素之间的关系研究。如 Hubern 对 5 个地区的气温和由热平衡方程计算得到的路表温度进行了回归分析，建立了计算路表最高温度的确定型模型，模型的参数包括日最高气温和纬度。Lukanen 等使用 40 个观测地点的路面温度、前 5 天的平均气温和前 1 天的平均气温等实测数据，通过回归分析方法建立了 2 个沥青路面温度预报模型。Diefenderfer 等以弗吉尼亚州 Smart 试验路和 SMP 项目 2 个实验地点的路面温度实测数据为依据，建立了适用于不同地区的路面日最高和最低温度预估模型。预估模型有两组，一组以气温和太阳辐射总量为主要输入参数，另一组以气温、维度和日序号为主要输入参数。Kršmanc 等建立了一种基于逐步线性回归分析的路面温度预测模型。该模型在斯洛文尼亚公路气象站的数据上进行了测试，并与 METRO 模型预测结果进行比对，发现该模型精度可与物理模型相媲美或优于物理模型。

20 世纪 80 年代后，在较完善的路面天气监测系统的基础上，加拿大、芬兰、法国等国家基于地表能量辐射平衡理论，逐步开展了路面温度和路面状况数值预报模式的研究工作。如加拿大气象中心研制了路面状况预报模型（model of environment and temperature of roads，METRo）。模型以路面天气信息系统观测资料和加拿大气象中心全球环境多尺度业务模式输出的气象预报资料（预报员可订正）作为输入，通过计算路面和路面材料热传导之间的能量平衡来跟踪温度变化；同时考虑了路面水液态和固态之间的形态转化。模型 24 h 路面温度预报，误差在 ±2 K 左右。芬兰气象机构（Finnish Meteorological Institute，FMI）在 1999—2000 年开发了新一代的道路天气模型，从 2000 年开始业务使用，向公众和道路维护人员提供路面状况预报和预警信息。该模型采用一维能量平衡模型计算地表和地表-大气间的垂直交换，计算地表温度和路面状况。路面状况分为干燥、微湿、潮湿、霜、干雪、湿雪、局部结冰、结冰等。另外，该模型参考路面状况信息，结合当前天气状况如风速、降水强度、光线条件等生成交通条件指数（分为 3 级，正常、差、非常差）[10]。法国气象局研发路面温度天气短临预报系统（road weather informations dedicated to road sections，OPTIMA）进行未来 1 h 每 5 min 间隔的道路精细化短临预报。该系统融合了气象、交通气象观测、雷达数据以及预报数据，提供包括能见度、雪、路面温度、积雪深度等产品。同时，利用数值预报模式驱动地表-雪耦合模型（ISBA-Route/ CROCUS）进行未来 3 天的路面温度和积水、积雪、结冰状态等预报。路面温度检验误差在 0.5~1.5 ℃，均方根误差在 3~4 ℃。

为改进和提升模型预报效果，针对模型参数优化、遮挡（云）作用、多种观测资料应用等影响或改进路面温度的研究工作也相应开展。如 Karsisto 等利用路面天气观测数据对比分析了荷兰皇家气象学院开发的新道路天气预报模型（the royal netherlands meteorological institute，KNMI）与芬兰道路天气模型的预测效果。研究表明：KNMI 模型的预测精度略高于 FMI 模型，这归功于 KNMI 模型对比热、反照率、吸收和发射率等公路的物理性能参数进行敏感性试验优化。斯洛文尼亚学者通过修正大气及露点温度，增加人类活动及地下温度传感器深度和改进太阳辐射算法完善了 METRo 模型路面温度及路面条件预报结果。Livanainen 和 Pettersson 研究卫星和实时摄像头数据在路面温度预测中的应用。他们的研究表明，这些数据的加入对路面温度预报效果有明显的改善作用。

遮挡对路面温度变化具有影响，特别是云的遮挡对白天路面温度影响很大。Walker 和 Anderson 将海军研究实验室云分类算法输出的云量类型与路面温度和表面辐射观测进行时空匹配，统计分析了白天晴空、低云、中云、高云和积云 5 种云量类型对路面温度和入射短波辐射的影响。结果表明，云量可降低路面温度高达 10 ℃左右，抑制下降短波辐射 400 W/m² 。Hu 等在基于天气雷达与区域热图数据，依托 GIS 技术对由于接受太阳直射不均匀导致的累积屏蔽效应所造成的最大路面温差进行了研究，推导出遮挡模型。该模型可准确模拟路面辐射通量，获得白天路面温度的空间分布。

此外，集合预报应用技术研究也正在开展，逐步解决确定性预报不能满足道路养护最优决策服务的问题。如 Berrocal 等针对冬季路面维护需求，基于数值天气预报提出了两种道路结冰概率预测方法，并利用实际路面结冰观测数据评估效果。结果表明，使用概率预测方法比确定性预测方法可以降低 50%的维护成本。Sokol 等提出了一种基于能量平衡和热传导模型进行路面温度预测的集成技术。

1.6.2 国内研究现状

国内针对道路交通安全与气象条件关系的研究成果丰硕，例如江苏、北京、广东、新疆、西藏等地开展了公路沿线路面温度的监测，有关路面温度变化和预报技术方法的研究也相继展开。研究方法大致可以归纳为两类：一是理论分析法，即根据热平衡原理采用数值分析方法建立高速路面温度的预测模型；二是统计分析法，即通过分析大量的观测数据，建立高速路面温度同相关气象要素之间的定量关系。田华等应用逐步回归方法建立了梅村和仙人山最高和最低高速路面温度统计模型，得出最低高速路面温度模型模拟结果与实况的变化趋势接近，误差绝对值不超过 2 ℃，具有很好的实际应用价值。武辉芹等利用邯长、京秦高速公路涉县、玉田南北两个监测站和所在气象站观测资料，统计分析两站高速路面温度与气温的日变化特征及高速路面最高温度与气象因子的关系，基于多元回归分析方法建立逐月高速路面温度预报方程，并进行精度检验。刘熙明等[24]应用能量守恒方法，考虑太阳短波辐射、大气和地面的长波辐射（辐散）以及潜热、感热传输等能量之间的平衡，建立高速路面温度预报方法，发现夏季日照时间超过 5 h。该预报方法具有较好的实际应用价值。冯蕾等使用 INCA 多源资料融合分析和短临外推预报系统的预报结果作为气象强迫场，建立高速路面温度理论预报模型 METRo，开展江苏省高速公路夏季路面高温预报试验。此外，基于路面温度观测数据的路面结冰技术研究也逐步开展，如孙翠梅等利用多年镇江市水泥和柏油下垫面地面气温数据，研究定义了道路结冰影响指数，但空报率较高；白永清等利用武英高速凤凰关交通气象站 3 年冬季桥、路面温度观测数据，基于 Logistic 回归模型解析了桥、路面结冰温度条件频率随环境气温的变化规律，建立了道路结冰温度条件风险概率模型，并由此构建了武英高速桥、路面结冰风险等级预警模型。舒斯等利用 2013 年以来建立的湖北省高速公路沿线的 87 个交通气象观测站每 10 min 一次的气温及路面温度等实况资料，对各个高速路段的路面结冰频率随气温的变化规律进行了分析，并建立了结冰预警模型。

1.7 机场飞行区特殊气象安全评估与主动防范技术现状

影响航空活动的天气通常包括低云、积冰、风、颠簸、低能见度、雷暴等。传统的航空气象预报主要依赖预报员的经验，最终的预报结果主观性较强，预报结果以定性为主，定量化的影响预报结果较少，预报针对性不足。相对一般天气预报而言，航空飞行对气象预报的实时性、精确性和专业性的要求都更高。同时，机场运行效率对天气过程发生时刻、天气强度、位置落区较敏感，传统气象服务过程中普遍存在针对性差的问题，气象预报产品和机场运行需求间存在较大距离，由此导致了机场飞行区特殊气象影响定量评估难、机场特殊气象影响安全管理偏事后等问题。针对机场飞行区特殊气象的主动防范机制不能有效建立。

欧美等国家的强对流天气临近预报经历了从直接利用天气雷达观测到利用云粒子形态进行预报再到建立雷达图像上特定的形态结构和实际对流灾害物理过程的对应关系进行预报的过程。美国在机场布设终端区天气雷达、激光雷达、风廓线雷达、自动气象站、低空风切变预警系统（LLWAS）等多种探测手段，通过数据融合，基于先进数据模式，耦合空中运行需求，开发终端区天气集成系统（ITWS）、飞行繁忙区域天气集成系统（CIWS）、协同对流预报产品（CCFP）等系统辅助航空运行，并在 NEXTGEN 中提出要建设航空集成气象信息决策技术，最大限度降低天气对航空运输的影响。欧洲中期天气预报中心提高了数据同化的连续性，对其集合预报系统进行了升级，英国气象局为伦敦希斯罗机场提供定制的天气预报服务，建设自动 TAF 预报系统，欧洲在 FlightPath 2050 中提出要准确评估环境中的天气和其他危害，并妥善减轻风险；国际民用航空组织（ICAO）在航空系统组块升级方案（ASBU）中提出加强支持提高运行效率和安全的气象情报建设。气象预报及预警信息将基于需求自动支持决策过程或辅助决策，以支持灵活的空域管理，提高态势感知，动态优化飞行轨迹规划。气象预报及预警将开始从传统的字母数字代码（TAC）形式过渡到以数据为中心的信息，以更好地完成相关业务。目前，美国、欧洲、日本等国家和地区的气象中心和企业，基于"大数据"理念，采取混合模式（包括各国研究机构模式引入以及多模式的集合方法）与气候数据库（历史天气记录）图像识别、数据挖掘的手段，推进预报有效性、可定制性和准确性的效果初显。

我国新一代航空气象系统的主要发展方向为探测系统、预报业务系统、气象服务综合平台和决策支持辅助系统等。国家气象系统和航空气象系统从"接受中国气象局业务指导"逐步向深度融合发展。中国气象局公共气象服务中心基于我国首次研制的星载闪电成像仪、闪电定位仪、天气雷达等探测的气象大数据，利用机器学习研发了雷电临近预警系统，大大提高了雷电预警时间和空间精度，研究成果已应用于多个领域。基于雷达探测资料在阵风锋和中层径向辐合自动识别与雷暴大风相关性研究、短时强降水临近预报和结合物理过程与雷达有界弱回波区进行冰雹早期识别等方面具有国际先进水平。

1.8 小 结

总体而言，地面加密气象自动站、探空、风廓线雷达、天气雷达、气象卫星等新一代观测系统所采集的资料极大地推进了目前机场飞行区特殊气象预报、预警及评估技术的进步，雷达和卫星资料逐渐成为应用主流，6 min 观测的周期也缩短了机场特殊气象短临预报周期。同时，机器学习技术的引入也显著提升了特殊气象短临和短时预报的准确率。

但是现有工作有很多是基于国外的数值天气预报模式，如何深度利用我国数值天气预报模式以解决自主可控的问题，还需要进行深入的研究和实际应用。在三维大气同化方面，还需要针对机场飞行区环境研发一个综合利用各种同化方法的数据融合方法，其融合结果能准确反演真实大气三维结构、在物理上合理并准确反映大气中各尺度物理现象，同时需增加地形调整等特殊处理，方法的算法应透明且计算速度快，在时效性、准确度和对海量数据的处理上应具有明显优势。在机场特殊气象预报方面，如何将天气学原理和模型进行综合考虑，特别是能通过与某一天气类型相关的特征变量考虑进去，成为提升机场特殊天气预报的关键。最后，机场高分辨率三维大气快速同化、特殊气象预报、预警和评估是一个系统性工作，现有研究往往只侧重于某环节。

以上不足，恰恰是本书要研究的内容。本书以后各章将针对突出问题，以机场 200 km 范围为研究区域，对海量气象观测数据进行快速同化，形成机场 200 m 尺度三维大气时间序列数据，再结合我国数值天气预报历史数据，在特殊气象特征要素提取分析的基础上建立机器学习预报模型，最后在观测、预报和预警大数据的基础上开展评估。

参 考 文 献

[1] BARBER E S. Calculation of maximum pavement temperatures from weather reports[J]. Highway Research Board, 1957, 168: 1-8.

[2] WILLIAMSON R H. Effects of environment on pavement temperatures[C]// Proceeding of the 3rd International Conference on Structural Design of Asphalt Pavements. London: 1972: 144-158.

[3] CHRISTISON J T, Anderson K. The response of asphalt pavements to low temperature climate environments[C]//Proceeding of the 3rd International Conference on the Structural Design of Asphalt Pavements. London: 1972: 41-52.

[4] HERMANSSON Å. Simulation model for calculating pavement temperatures including maximum temperature[J]. Transportation Research Record, Journal of the Transportation Research Board, 2000, 1699(1): 134-141.

[5] HUBER G A. Weather database for the SUPERPAVE mix design system[R]. National Research Council, Washington D. C., 1994.

[6] LUKANEN E O, STUBSTAD R, BRIGGS R C. Temperature predictions and adjustment

factors for asphalt pavement (Report No. FHWA-RD-98-085)[R]. Federal Highway Administration, 2000.

[7] BRIAN K,DIEFENDERFER, IMAD L. Model to predict pavement temperature profile: Development and validation[J]. Journal of transportation engineering, 2006, 132(2): 162-167.

[8] KRŠMANC R, SLAK A, DEMŠAR J. Statistical approach for forecasting road surface temperature[J]. Meteorological Applications, 2013, 20(4): 439-446.

[9] CREVIER L, DELAGE Y. METRo: A new model for road-condition forecasting in Canada[J]. Journal of Applied Meteorology, 2001, 40(11): 2026-2037.

[10] KANGAS M, HIPPI M, RUOTSALAINEN J, et al. The FMI road weather model[C]// Hirlam All Staff meeting Hirlam Newsletter 51. Sofia, Bulgaria: 2006: 117-123.

[11] BOUILLOUD L, COUDERT O. Road weather forecasting in Météo-France: 15th EMS Annual Meeting & 12th European Conference On Applications Of Meteorology[EB/OL]. Sofia, Bulgaria: 2015. https://presentations.copernicus.org/EMS2015-168_presentation.pdf

[12] BOUILLOUD L, MARTIN E, HABETS F, et al. Road surface condition forecasting in France[J]. Journal of Applied Meteorology and Climatology, 2009, 48(12): 2513-2527.

[13] KARSISTO V, TIJM S, NURMI P. Comparing the performance of two road weather models in the netherlands[J]. Weather and Forecasting, 2017, 32(3): 991-1006.

[14] HABROVSKÝ R, TARJÁNI V. Kalman filter preprocessing within METRoSTAT project and application of the new method in the roadcast system[C]//17th International Road Weather Conference (SIRWEC). Andorra: 2014: 33.

[15] KRŠMANC R, TARJÁNI V, HABROVSKÝ R, et al. Upgraded METRo model within the METRoSTAT project[C]//17th International Road Weather Conference. Andorra: 2014: 26.

[16] LIVANAINEN T, PETTERSSON M. Quality management for road weather data[C]// Sixth international Symposium on snow removal and ice control technology. Spokane, Washington: 2004: 127-135.

[17] BOGREN J, GUSTAVSSON T, KARLSSON M, et al. The impact of screening on road surface temperature[J]. Meteorological Applications, 2000, 7(2): 97-104.

[18] WALKER C L, ANDERSON M R. Cloud impacts on pavement temperature and shortwave radiation[J]. Journal of Applied Meteorology and Climatology, 2016, 55(11): 2329-2347.

[19] HU Y, ALMKVIST E, LINDBERG F, et al. The use of screening effects in modelling route-based daytime road surface temperature[J]. Theoretical and Applied Climatology, 2016, 125(1): 303-319.

[20] BERROCAL V J, RAFTERY A E, GNEITING T, et al. Probabilistic weather forecasting for winter road maintenance[J]. Journal of the American Statistical Association, 2010, 105(490): 522-537.

[21] SOKOL Z, BLIŽŇÁK V, SEDLÁK P, et al. Ensemble forecasts of road surface

temperatures[J]. Atmospheric Research, 2017, 187: 33-41.

[22] 田华, 吴昊, 赵琳娜, 等. 沪宁高速公路路面温度变化特征及统计模型[J]. 应用气象学报, 2010, 20(6): 737-744.

[23] 武辉芹, 马翠平, 杨荣芳, 等. 河北省高速公路路面温度变化特征及预报模型[J]. 干旱气象, 2014, 32（4）: 665-670.

[24] 刘熙明, 喻迎春, 雷桂莲, 等. 应用辐射平衡原理计算夏季水泥路面温度[J]. 应用气象学报, 2004, 15（5）: 623-628.

[25] 冯蕾, 王晓峰, 何晓凤, 等. 基于 INCA 和 METRo 的江苏省路面高温精细化预报[J]. 应用气象学报, 2017, 28（1）: 109-118.

[26] 孙翠梅, 马俊峰, 孔启亮, 等. 镇江市道路结冰影响指数分级预报方法[J].气象与环境学报, 2013, 29（4）: 84-88.

[27] 白永清, 陈城, 何明琼. 利用 Logistic 回归方法的高速桥（路）面结冰风险等级预警模型[J]. 气象科技, 2016, 44（2）: 336-340.

[28] 舒斯, 熊守权, 陈英英, 等. 湖北省高速公路道路结冰预警模型[J].气象, 2019, 45（11）: 1589-1599.

[29] ABBEY D E, OSTRO B E, FRASER G, et al. Estimating fine particulates less than 2.5 microns in aerodynamic diameter (pm2.5) from airport visibility data in california[J]. Expo Anal Environ Epidemiol, 1995, 5(2), 161-180. https:// doi.org/10.1002/jbt. 2570100208

[30] ALLEN B J, MANSELL E R, DOWELL D C, et al. Assimilation of pseudo-GLM data using the ensemble Kalman filter[J].Monthly Weather Review, 2016, 144: 3465-3486.

[31] AZADIFAR M, RACHIDI F, RUBINSTEIN M, et al. Evaluation of the performance characteristics of the European lightning detection network EUCLID in the Alps region for upward negative flashes using direct measurements at the instrumented Sntis Tower[J]. Journal of Geophysical Research: Atmospheres, 2016.

[32] BARNES S L. A technique for maximizing details in numerical weather map analysis. Journal of Applied Meteorology (1962-1982), 1964, 3(4): 396-409.

[33] BERGTHORSSON P, DOOS B. Numerical weather map analysis[J]. Tellus, 1955 (7): 329-340.

[34] BUENO S C, CASILLAS-PÉREZ D, CORNEJO-BUENO L, et al. Persistence analysis and prediction of low-visibility events at valladolid airport, Spain. Symmetry, 2020, 12(6), 1045.

[35] CECIL D J, BUECHLER D E, BLAKESLEE R J. Gridded lightning climatology from TRMM-LIS and OTD: Dataset description[J]. Atmospheric Resarch, 2014, 135/136(1): 404-414.

[36] CHEN L W, ZHANG Y J, LU W T, et al. Performance evaluation for a lightning location system based on observations of artificially triggered lightning and natural lightning flashes[J]. Atmos Ocean Technol, 2012 (29): 1835-1844

[37] CRESSMAN G P. An operational objective analysis system[J].Monthly Weather Review, 1959 (87): 367-374.

[38] CUMMINS K L, MURPHY M J. An overview of lightning locating systems: History, techniques, and data uses, with an in-depth look at the U.S. NLDN[J]. IEEE Trans Electromagn Compat, 2009 (51): 499-518

[39] DAFIS S, FIERRO A, GIANNAROS T, et al. Performance evaluation of an explicit lightning forecasting system[J]. Journal Geophysical Research, 2018, 123(10): 5130-5148.

[40] DEBASHREE, DUTTA, SUTAPA, et al. Nowcasting visibility during wintertime fog over the airport of a metropolis of India: decision tree algorithm and artificial neural network approach[J]. Natural Hazards, 2015, 75(2), 1349-1368.

[41] DENG T, CHENG A, HAN W, et al. Visibility forecast for airport operations by LSTM neural network[J]. In Proceedings of the 11th International Conference on Agents and Artificial Intelligence (ICAART), Prague, Czech Republic, 2019, (2): 466-473.

[42] DOWDEN R L, BRUNDELL, et al. VLF lightning location by time of group arrival (TOGA) at multiple sites[J]. J. Atmos. Sol. Terr. Phys., 2002 (64): 817-830.

[43] FABBIAN D, DE DEAR R, LELLYETT S. Application of artificial neural network forecasts to predict fog at Canberra international airport[J]. Weather Forecast. 2007 (22): 372-381.

[44] FAMELL C, RIGO T,PINEDA N. Lightning jump as a nowcast predictor: application to severe weather events in Catalonia[J]. Atmospheric Research, 2017, 183: 130-141.

[45] FIERRO A O, WANG Y, GAO J, et al. Variational assimilation of radar data and GLM lightning-derived water vapor for the short-term forecasts of high-impact convective events[J]. Monthly Weather Review, 2019, 147: 4045-4069.

[46] FIERRO A O, GAO J, ZIEGLER C L, et al. Evaluation of a Cloud-Scale Lightning Data Assimilation Technique and a 3DVAR Method for the Analysis and Short-Term Forecast of the 29 June 2012 Derecho Event[J]. Monthly Weather Review, 2014, 142: 183-202

[47] FIERRO A O, MANSELL E R, ZIEGLER C L, et al. Application of a lightning data assimilation technique in the WRF-ARW model at cloud-resolving scales for the tornado outbreak of 24 May 2011[J]. Monthly Weather Review, 2012, 140: 2609-2627.

[48] FRANCA G B, CARMO L D, ALMEIDA M, et al. Fog at the Guarulhos international airport from 1951 to 2015[J]. Pure and Applied Geophysics. 2019, 176 (5).

[49] GANDIN L S. Objective Analysis of meteorological fields[J]. Israel Program for Scientific Translations, 1965, 242 .

[50]GOODMAN S J, COAUTHORS. The GOES-R geostationary lightning mapper (GLM)[J]. Atmospheric Research, 2013, 125: 34-49.

[51] GOSWAMI S, CHAUDHURI S, DAS D, et al. Adaptive neuro-fuzzy inference system to estimate the predictability of visibility during fog over delhi, india[J]. Meteorological Applications, 2020, 27(2).

[52] IWAKURA S, OKADA K. Dependence of prevailing visibility on relative humidity at tokyo international airport[J]. Papers in Meteorology and Geophysics, 1999, 50(2), 81-90.

[53] KALMAN R E. A new approach to linear filtering and prediction problems[J]. Journal of Fluids Engineering, 1959,82(11): 35-45.

[54] KALMAN R, BUCY R. New results in linear prediction filtering theory. Trans. AMSE J[J]. Journal of Basic Engineering, 1961, 83(1): 95-108.

[55] KHOSRAVI R, SADEGHI S H H, MOINI R. Electromagnetic field due to lightning strike to a tall tower sitting on a mountainous terrain[J]. IEEE Transactions on Electromagnetic Compatibility, 2016: 1-10.

[56] KNERINGER P, DIETZ S J, MAYR G J, et al.Probabilistic nowcasting of low- visibility procedure states at vienna international airport during cold season[J]. Pure Appl. Geophys. 2018, 176, 2165-2177.

[57] KOSHAK W J, SOLAKIEWICZ R J, BLAKESLEE R J, et al. North Alabama lightning mapping array (LMA): VHF source retrieval algorithm and error analyses[J]. Journal of Atmospheric and Oceanic Technology, 2004, 21(4): 543-558.

[58] KREHBIEL P R, THOMAS R, RISON W, et al. Lightning mapping observations in central Oklahoma[J]. EOS, 2000, 81(3): 21-25.

[59] KUTTY S G, AGNIHOTRI G, DIMRI A P, et al. Fog occurrence and associated meteorological factors over kempegowda international airport, India[J]. Pure & Applied Geophysics, 2018, 176(3), 1-12.

[60] LI D, AZADIFAR M, RACHIDI F, et al. On lightning electromagnetic field propagation along an irregular terrain[J]. IEEE Transactions on Electromagnetic Compatibility, 2016, 58(1): 161-171.

[61] LI D, AZADIFAR M, RACHIDI F, et al. Analysis of lightning electromagnetic field propagation in mountainous terrain and its effects on ToA-based lightning location systems[J]. J Geophys Res-Atmos, 2016, 121: 895-911

[62] LI D, ZHANG Q, WANG Z, et al. Computation of lightning horizontal field over the two-dimensional rough ground by using the three dimensional FDTD[J]. IEEE Transactions on Electromagnetic Compatibility, 2013, 56(1): 143-148.

[63] LIU C, CECIL D J, ZIPSER E J, et al. Relationships between lightning flash rates and radar reflectivity vertical structures in thunderstorms over the tropics and subtropics[J]. Journal of Geophysical Research, 2012, 117(D6).

[64] LIU D,JIANG T,ZHANG Y, et al. Forecast model of airport haze visibility and meteorological factors based on svr-rbf model[J]. IOP Conference Series: Earth and Environmental Science, 2021, 657(1).

[65] LIU D X, QIE X S, PAN L X, et al. Some characteristics of lightning activity and radiation source distribution in a squall line over north China[J]. Atmospheric Research, 2013, 132: 423-433.

[66] LIU G, CUMMER S A, LYONS W A, et al. Lightning development associated with two negative gigantic jets[J]. Geophysical Research Letters, 2011, 38.

[67] LIU Z, CHEN Y, GU X, et al. Visibility classification and influencing- factors analysis of airport: A deep learning approach[J]. Atmospheric Environ. 2022, 3: 278.

[68] LYNN B H,KELMAN G,ELLROD G. An evaluation of the efficacy of using observed lightning to improve convective lightning forecasts[J]. Weather Forecast. 2015, 30: 405-423.

[69] MACGORMAN D R, FILIAGGI T, HOILE R, et al. Negative cloud-to-ground lightning flash rates relative to VIL, maximum reflectivity, cell height, and cell isolation[J]. Journal Lightning Research, 2007, 1: 132-147.

[70] MAKOWSKI J A, MACGORMAN D R, BIGGERSTAFF M I, et al. Total lightning characteristics relative to radar and satellite observations of Oklahoma mesoscale convective systems[J]. Monthly Weather Review, 2013, 141: 1593-1611.

[71] MANSELL E R. Storm-scale ensemble Kalman filter assimilation of total lightning-extent data[J]. Monthly Weather Review, 2014, 142: 3683-3695.

[72] MARCHAND M R,FUELBERG H E. Assimilation of lightning data using a nudging method involving low-level warming[J]. Monthly Weather Review, 2015, 142 (12): 4850-4871.

[73] MARDIANA R, KAWASAKI Z. Dependency of VHF broad band lightning source mapping on Fourier spectral[J]. Geophysical Research Letters, 2000, 27(18): 2917-2920.

[74] MARZBAN C, LEYTON S, COLMAN B. Ceiling and visibility forecasts via neural networks[J]. Weather and Forecasting 2007, 22: 466-479.

[75] MECIKALSKI J R, LI X, CAREY L D. Regional comparison of GOES cloud-top properties and radar characteristics in advance of first-flash lightning initiation[J]. Monthly Weather Review, 2013, 141: 55-74.

[76] MORIMOTO T, KAWASAKI Z I, USHIO T. Lightning observations and consideration of positive charge distribution inside thunderclouds using VHF broadband digital interferometry[J]. Atmospheric Research, 2005, 76: 445-454.

[77] PETERSON M, MACH D, BUECHLER D. A global LIS/OTD climatology of lightning FlashExtent Density[J]. Journal of Geophysical Research: Atmospheres, 2021, 126.

[78] QIE X S, YUAN T, XIE Y R, et al. Spatial and temporal distribution of lightning activities over the Tibetan Plateau[J].Chinese J. Geophys. (in Chinese), 2004, 47(6): 997-1002.

[79] QIE X S, ZHU R P, YUAN T, et al. Application of total-lightning data assimilation in a mesoscale convective system based on the WRF model[J]. Atmospheric Research, 2014, 145-146: 255-266.

[80] QIU S, ZHOU B H, SHI L H, et al. An improved method for broadband interferometric lightning location using wavelet transforms[J]. Journal of Geophysical Research, 2009, 114.

[81] ORVILLE R E.Development of the national lightning detection network[J]. Bulletin of the American Meteorological Society, 2008, 89(2).

[82] OUZ K, PEKIN M A. Predictability of fog visibility with artificial neural network for esenboga airport[J]. European Journal of Science and Technology, 2019, 3: 542-551.

[83] RAMGARAJAN S, MUKHERJEE S, RODRIGUEZ A P. Evaluation of U. S. National Lightning Detection Network performance characteristics using rocket triggered lightning data acquired in 2004-2009[J]. Journal of Geophysical Research Atmospheres, 2011, 116 (D2): 347-360.

[84] RAMÓN DÍAZ-URIARTE, SARA ALVAREZ DE ANDRÉS. Gene selection and classification of microarray data using random forest[J]. Bmc Bioinformatics, 2006: 7(1), 3.

[85] Richard P, Delannoy A, Labaune G, et al. Results of spatial and temporal characterization of the VHF-UHF radiation of lightning[J]. Journal Geophysical Research, 1986, 91(D1): 1248-1260.

[86] RISON W R, THOMAS R J, KREHBIEL P R, et al. A GPS-based three-dimensional lightning mapping system: Initial observations in central New Mexicon[J]. Geophys Res Lett, 1999, 26: 3573-3576.

[87] SASAKI Y. An objective analysis based on the variational method[J]. J Meteor Soc Japan, 1958 (36): 1-12.

[88] SHAO X M, KREHBIEL P R.The spatial and temporal development of intracloud lightning[J]. J Geophys Res, 1996, 101: 26641-26668.

[89] SHAO X M, KREHBIEL P R, THOMAS R J, et al. Radio interferometric observations of cloud-to-ground lightning phenomena in Florida[J]. J Geophys Res, 1995, 100(D2): 2749-2783.

[90] SHAO X M, STANLEY M, REGAN A, et al. Total lightning observations with the new and improved Los Alamos Sferic Array (LASA)[J]. J Atmos Ocean Technol, 2006,23: 1273-1288.

[91] SHEPARD D. A two dimensional interpolation function for irregularly spaced data, in Prod. 23rd National Conf. of the Association for Computing Machinery, Princeton, NJ, ACM, 1968, 3: 517-524.

[92] SHU Z, YANG S C, XU W, et al. The system of the calibration for visibility measurement instrument under the atmospheric aerosol simulation environment[J]. Epj Web of Conferences, 2016, 119. https://doi.org/10.1051/epjconf/ 201611923005

[93] SRIVASTAVA A, TIAN Y, QIE X, et al. 2017. Performance assessment of Beying Lightning Network (BLNET) and comparison with other lightning location networks across Beijing[J]. Atmospheric Research, 2017, 197: 76-83.

[94] TAYLOR W L. A VHF Technique for Space-Time Mapping of Lightning Discharge Processes[J]. Journal of Geophysical Researc, 1978, 83(C7): 3575-3583.

[95] THOMAS R J, KREHBIEL P R, RISON W R, et al. Accuracy of the lightning mapping

array[J]. Journal of Geophys Res, 2004, 7: 109.

[96] THOMAS R J, KREHBIEL P R, RISON W R, et al. Comparison of ground-based 3-dimensional lightning mapping observations with satellite-based LIS observations in Oklahoma[J]. Geophysical Research Letters, 2000, 27: 1703-1706.

[97] USHIO T, KAWASAKI Z, OHTA Y, et al. Broad band interferometric measurement of rocket triggered lightning in Japan[J]. Geophysical Research Letters, 1997, 24(22): 2769-2772.

[98] WANG H AND COAUTHORS. Continuous assimilation of lightning data using time-lagged ensembles for a convection-allowing numerical weather prediction model[J]. Journal of Geophysical Research, 2018, 123: 9652-9673.

[99] WANG H, COAUTHORS. Improving lightning and precipitation prediction of severe convection using lightning data assimilation with NCAR WRF-RTFDDA[J]. Journal of Geophysical Research, 2017, 122: 12296-12316.

[100] WANG Y, QIE X S, WANG D F, et al. Beijing Lightning Network (BLNET) and the observation on preliminary breakdown processes[J]. Atmos. Res., 2016, 171: 121-132.

[101] XIA R, ZHANG D L, WANG B. A 6-yr cloud-to-ground lightning climatology and its relationship to rainfall over Central and Eastern China[J]. J Appl Meteorol Climatol, 2015, 54: 2443-2460.

[102] Y XIE, S KOCH, J MCGINLEY, et al. A space–time multiscale analysis system: A sequential variational analysis approach[J]. Monthly Weather Review, 2011, 139(4): 1224-1240.

[103] XINGJIAN SHI, ZHOURONG CHEN, HAO WANG, et al. Convolu-tional LSTM network: A machine learning approach for precipitation nowcasting[J]. In NIPS, 2015.

[104] WON W S, OH R, LEE W, et al. Impact of fine particulate matter on visibility at incheon international airport, South Korea[J]. Aerosol Air Qual. Res. 2020, 20: 1048-1061.

[105] WU Z, YE Q, YI Z, et al. Visibility prediction of plateau airport based on lstm. In 2021 IEEE 5th Advanced Information Technology, Electronic and Automation Control Conference (IAEAC), Chongqing, China, 2021, 5: 1886-1891.

[106] YOSHIDA S, BIAGI C J, RAKOV V A, et al. Three-dimensional imaging of upward positive leaders in triggered lightning using VHF broadband digital interferometers[J]. Geophysical Research Letters, 2010, 37.

[107] YOSHIDA S, WU T, USHIO T, et al. Initial re sults of LF sensor network for lightning observation and characteris tics of lightning emission in LF band[J]. Journal of Geophysical Research, 2014, 119: 12034-12051.

[108] YU T, YANG R, KUANG Q. ATMConvGRU for weather forecasting[J]. IEEE Geoscience and Remote Sensing Letters, 2022, 9: 1-5.

[109] YUAN P, LIU X S, ZHANG Y J, et al. Spectral study on lightning return stroke in plateau area[J]. Chinese J. Geophys. (in Chinese), 2004, 47(1): 42-46.

[110] ZHANG R, ZHANG Y, XU L, et al. Assimilation of total lightning data using the three-dimensional variational method at convection-allowing resolution[J]. J. Meteor. Res., 2017, 31: 731-746.

[111] ZHU L, ZHU G D, HAN L. The application of deep learning in airport visibility forecast[J]. Atmospheric & Climate Sciences, 2017, 07(3): 314-322.

[112] 毕睿华. 土壤电导率分层对地闪回击水平电场时空分布规律的影响[J]. 电瓷避雷器, 2017, 6 (280): 121-126.

[113] 曹冬杰. 风云四号静止卫星闪电成像仪监测原理和产品算法研究进展[J]. 气象科技进展, 2016, 6 (1): 94-98.

[114] 陈佳雯, 王磊, 王超, 等. 连绵起伏山体对雷电电磁信号的影响研究[J]. 电瓷避雷器, 2021, 3 (301): 57-66.

[115] 陈绿文, 吕伟涛, 张义军, 等. 粤港澳闪电定位系统对高建筑物雷电的探测[J]. 应用气象学报, 2020, 31 (2): 165-174.

[116] 陈甫. 基于 ARIMA 和 BP 神经网络的成都双流机场历年主导能见度月均值混合模型[J]. 电脑知识与技术, 2012, 8 (29): 7064-7067

[117] 陈志雄. 强对流过程的闪电活动及其在临近预报中的同化应用研究[D]. 北京: 中国科学院, 2020.

[118] 董成胜, 刘欣生, 张义军. 一次人工触发闪电的宽带干涉仪观测[J]. 科学通报, 2001, 46 (5): 427-432.

[119] 高嵩. 深度学习在机场能见度预测中的应用[J]. 计算机产品与流通, 2020 (4): 260.

[120] 谷山强, 章涵, 冯万兴, 等. 一种雷声定位系统及方法. CN201310708104.3[P].2016-05-04.

[121] 胡亚男, 陶世银, 龚梅竹, 等. 高原复杂地理参数对雷电活动的影响分析[J]. 干旱区地理, 2022, 45 (3): 746-753.

[122] 黄凯丽, 张其林, 陈隆, 等. 真实地形地貌对闪电定位系统的影响[J]. 电瓷避雷器, 2018, 3 (283): 121-128.

[123] 惠雯, 黄富祥, 郭强. 卫星与地基闪电探测资料在闪电活动研究中的综合应用[J]. 光学精密工, 2018, 26 (1): 218-229.

[124] 纪奎秀, 张亮, 卜俊伟, 等. 复杂地形对雷电云地闪观测电磁场传输影响的实例分析[J]. 高原山地气象研究, 2017, 37 (4): 78-83.

[125] 靳小兵, 卜俊伟, 张亮, 等. 川西高原典型雷电天气电场特征初步分析[J]. 高原山地气象研究, 2017, 37 (4): 66-71.

[126] 黎奇, 郭凤霞, 王文博, 等. 西北内陆高原四个地区的地闪活动特征[J].电瓷避雷器, 2022, 2 (306): 46-52.

[127] 李进梁, 吴学珂, 袁铁, 等. 基于 TRMM 卫星多传感器资料揭示的亚洲季风区雷暴时空分布特征[J]. 地球物理学报, 2019, 62 (11): 4098-4109.

[128] 李俊敏, 何光勤. 基于 BP 神经网络的机场能见度预测[J]. 中国科技信, 2021, 645 (Z1): 39-41+44.

[129] 刘丁齐，钟博宏，陈道辉，等. 土壤水平分层条件下的闪电电磁场计算[J]. 气象科技，2015，43（3）：537-542.

[130] 刘鹏. 融合卫星雷达观测的闪电资料同化研究[D]. 兰州：兰州大学，2022.

[131] 刘维成，苟尚，傅朝. 雷达资料在高原东北侧雷电预警中的应用[J].气象，2015，41（10）：1253-1259.

[132] 骆瑶莹，卞宏志，刘全桢，等. 基于 L-M 雷电算法和定位声波改进融合方法的 TDOA 雷电定位改进方法[J]. 上海交通大学学报，2022，56（3）：353-360.

[133] 马瑞阳，郑栋，姚雯，等. 雷暴云特征数据集及我国雷暴活动特征[J]. 应用气象学报，2021，32（3）：358-369.

[134] 欧阳双，张其林，李颖，等. 地表湿度导致土壤电参数变化对雷电电磁场传播的影响[J]. 气象科技，2012，40（6）：1018-1024.

[135] 彭启洋，熊长铮. 低纬高原乡村雷电灾害发生规律及特征分析[J]. 灾害学，2015，30（4）：96-100.

[136] 钱勇，施俊杰，王延慧，等. 星地多源闪电资料在新疆地区的应用分析[J]. 沙漠与绿洲气象，2021，15（3）：122-128.

[137] 郄秀书，张广庶，孔祥贞，等. 青藏高原东北部地区夏季雷电特征的观测研究[J]. 高原气象，2003，22（3）：209-216.

[138] 郄秀书，袁善锋，陈志雄，等. 北京地区雷电灾害天气系统的动力-微物理-电过程观测研究[J]. 中国科学：地球科学，2021，051（001）：46-62.

[139] 冉令坤，周玉淑. TRMM 卫星的闪电观测资料在中尺度数值模式中的 Nudging 同化应用研究[J]. 大气科学，2011，35（6）：1145-1158.

[140] 任照环，李卫平，曾宇，等. 基于 ADTD 闪电定位资料的重庆市地闪特征分析[J]. 气象与环境学报，2022，38（3）：144-149.

[141] 史东东，郑栋，张阳，等. 低频电场变化探测阵列建设及其初步运行结果[J]. 中国科学，2018，48（1）：113-126.

[142] 唐国瑛，李丰全，王莺，等. 青藏高原东北边缘地带 2017—2020 年地闪时空分布特征[J]. 干旱气象，2022，40（5）：849-856,

[143] 唐雅丽，张其林，王超，等. 雷击锥形山体对近距离电磁场影响的模拟研究[J]. 电瓷避雷器，2019，2（288）：14-23.

[144] 陶世银，蔡忠周，王敏，等. 青海高原 2008—2016 年云地闪特征分析[J]. 冰川冻土，2018，40（2）：288-297.

[145] 陶心怡，赵阳，谢屹然，等. 基于 WWLLN 的云南闪电活动特征及其成因研究[J]. 电瓷避雷器，2021，5（303）：100-106.

[146] 王东方，郄秀书，袁铁，等. 利用快电场变化脉冲定位进行云闪初始放电过程的研究[J]. 气象学报，2009，67：165-174.

[147] 王楠，朱蕾，周建军，等. 基于 EC 细网格产品在乌鲁木齐机场低能见度预测中的释用[J]. 沙漠与绿洲气象，2020，14（2）：81-89.

[148] 王烁. 云南地区闪电探测网布局设计及定位误差分析[D]. 南京：南京信息工程大

学，2018.

[149] 王宇，郄秀书，王东方，等. 北京闪电综合探测网（BLNET）网络构成与初步定位结果[J]. 大气科学，2016，39（3）：571-582.

[150] 王志超，庞文静，梁丽，等. ADTD 闪电定位网在北京地区定位效率的自评估[J]. 气象科技，2018，46（4）：638-643.

[151] 文俊鹏，蓝静，刘峰. 广州白云机场低能见度客观预报方法试验[J]. 气象科技进展，2021，11（2）：176-180.

[152] 谢冬，王霄，李平兰，等. 云贵高原和青藏高原闪电活动的对比分析[J]. 高原山地气象研究，2022，40（增1）：82-87.

[153] 严碧武，谷山强，冯万兴，等. 一种应用于古建筑群的雷击三维放电路径自动记录系统及其记录方法. 201310753539[P].

[154] 余建华，刘海兵. 江西强雷电活动分布与地形及其土地利用的相关性[J]. 气象科技，2020，48（6）：898-902.

[155] 余蓉，张小玲，杜牧云，等. 华中地区不同地形下的雷暴地闪特征分析[J]. 热带气象学报，2021，37（3）：329-340

[156] 余田野，徐达军，余彦龙，等. 湖北省地形特征对雷电参数的影响[J]. 气象科技，2022，50（5）：734-741.

[157] 张国平，等. 一种雷电监测预警方法及装置. ZL202210935313.0[P].2022-49-02.

[158] 张广庶，李亚珺，王彦辉，等. 闪电 VHF 辐射源三维定位网络测量精度的实验研究[J]. 中国科学：地球科学，2015，45：1537-1552

[159] 张广庶，王彦辉，郄秀书，等. 基于时差法三维定位系统对闪电放电过程的观测研究[J]. 中国科学：地球科学，2010（40）：523-534

[160] 张其林，李泰，邵立忠，等. 三维雷电实时监测预警系统. 国家发明专利，202121629594.4.

[161] 张其林，张源源，李东帅，等. 地形地表的不规则起伏对雷电电磁场传输的影响[J]. 气象学报，2013，71：357-365.

[162] 张廷龙，郄秀书，言穆弘. 青藏高原雷暴的闪电特征及其成因探讨[J]. 高原气象，2007，26（4）：774-782.

[163] 张源源，庞华基，刘钊，等. 起伏海面的雷电电磁场传播特征及其对闪电定位精度的影响[J]. 海洋科学，2020，44：34-41.

[164] 张义军，孟青，马明，等. 闪电探测技术发展和资料应用[J]. 应用气象学报，2006（17）：611-620

[165] 张义军，孟青，马明，等. 闪电探测技术发展和资料应用[J]. 应用气象学报，2006，17（005）：611-620.

[166] 赵生昊，覃彬全，刘青松. 重庆市地形对雷电灾害主要致灾因子影响分析[J]. 气象科技，2020，48（1）：127-131.

[167] 周筠珺，孙凌，杨静，等. 中国西南及其周边地区雷电活动的特征分析[J]. 高电压技术，2009，35（6）：1309-1315.

[168] 朱彪，曾金全，李丹，等. 三维地闪监测数据分析与校验[J]. 气象科技，2018，46（5）：868-874.

[169] 朱国梁. 基于 MLP 神经网络的机场能见度预测模型[J]. 科技创新与应用，2018，238（18）：1-4.

[170] 朱蕾，朱国栋. SVM 方法在机场跑道视程预报中的应用[J]. 暴雨灾害，2010，29（2）：171-175.

[171] 张曦，张建军，丁媛媛，等. 机场多普勒激光雷达风切变探测与识别[J]. 气象科技，2021，49（2）：184-191

[172] 赵永聚，郑标. 低空风切变预警预报系统研制及应用情况介绍[J]. 空中交通管理，2010（2）：4.

[173] 赵志军，蔡国盛. 西安咸阳国际机场低空风切变天气过程统计与分析. 中国气象学会 2006 年年会"航空气象探测、预报、预警技术进展"分会场论文集，2006.

[174] 吴丹，李美琪，郭蕊，等. 2014—2017 年石家庄正定国际机场低空风切变特征及天气形势分析[J]. 干旱气象，2021，39（5）：775-784.

[175] 孙少明，张茜，朱雯娜，等. 乌鲁木齐国际机场典型低空风切变事件分析[J]. 民航学报，2021.

[176] 马敏劲，林超，赵素蓉，等. 北京首都国际机场低空风切变观测分析和数值模拟[J]. 兰州大学学报（自然科学版），2013，49（3）：7.

第2章 特殊气象时空演变气候特征分析

2.1 引 言

本章主要利用西安咸阳国际机场（以下简称西安机场）2005—2021年自观系统观测报告、2016—2021年雷达组合反射率数据、ERA5资料等，对西安机场雷暴等四类特殊气象的时空演变气候特征进行分析。对雷暴的时空分布特征、环境参数以及天气发生的天气尺度环境条件开展分析。结合西安机场地理环境特点和民航气象有关行业标准，开展低能见度典型天气个例分析，建立典型天气事件库，对低空风切变形成的天气尺度背景条件进行统计分析，对2005—2021年西安机场降雪天数和持续时间进行统计，分析西安机场冰冻日数的年、月变化特征。

2.2 西安机场雷暴天气特征

2.2.1 西安机场雷暴时间分布特征

本节利用西安机场2005—2021年METAR报文，解析西安机场雷暴及强雷暴在年月日多时间尺度上的变化特征。其中METAR报文为每1h发布1份，是机场气象观测资料，能代表本场天气状况。本节从雷暴发生频次和雷暴过程两个角度解析雷暴发生的时间分布特征。其中，雷暴发生频次统计有TS记录的METAR报文，作为雷暴发生的1个频次，依据METAR每1h发布1份特性，也可以认为1个频次雷暴对应的发生时间为1h，分析雷暴发生频次的变化规律。另外，雷暴天气过程分析是将雷暴发生频次按照天气过程，将其归为雷暴过程，从而进一步分析雷暴过程强度、持续时间、天气现象等时间分布特征。

2.2.1.1 雷暴发生频次

通过解析METAR报文可知，2005—2021年西安机场共发生399频次雷暴，平均每年发生23.5频次雷暴，即发生23.5h雷暴。通过雷暴频次距平可知，雷暴发生频次年际波动很大，2015年正距平最大，为20.5h，2019年负距平最大，为−17.5h。通过最小二乘法拟合可知，雷暴频次有略微下降的趋势，每10年下降3.4h，下降趋势没有通过显著性检验。图2-1所示为西安机场雷暴频次距平年际变化特征。

雷暴发生频次在年内变化规律方面，如图2-2所示，有雷暴的月份为3—10月，主要集中在5—8月，其中7月发生频次最高，为111次，8月次之，为107次，7和8月占总发生频次的一半以上（54.6%），11月到次年2月无雷暴发生。

同理，如图2-3所示，对一天内的雷暴发生的时刻进行分析可知，西安机场雷暴多发生在夜间,中午前后发生频次最少。频次最大值出现在 22 点,共发生 52 频次,最小值出现在 13 点,2005—2021 年的 17 年中只发生了 2 频次。从以雷暴触发机制为分类依据的热雷暴、天气系统雷暴、地形雷暴的特征可知,西安机场雷暴午后少发,故其雷暴一般为天气系统雷暴。

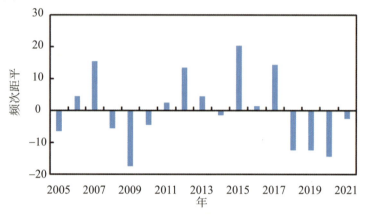

图 2-1　西安机场雷暴频次距平年际变化特征

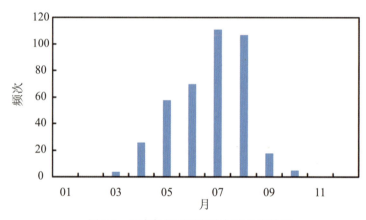

图 2-2　西安机场雷暴频次年内分布特征

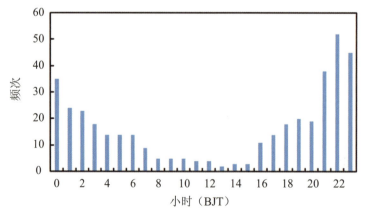

图 2-3　西安机场雷暴频次小时分布特征

2.2.1.2 雷暴天气过程

为了进一步分析雷暴天气过程的发生规律，我们依据雷暴发生频次及天气系统演变特征，对 2005—2021 年雷暴发生频次进行归类，如图 2-4 所示，可知这 17 年中雷暴天气过程共发生 157 次，平均为 9.2 次/年。雷暴天气过程发生数量的年际变化特征与频次年际变化特征类似，其中 2015 年发生次数最多，为 15 次，发生最少的为 2009 年、2019 年、2020 年，均为 5 次。总体来看，雷暴发生年际波动大，年际变化趋势不显著。

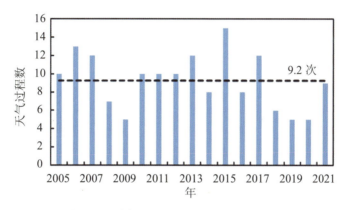

图 2-4　西安机场雷暴天气过程年际变化特征

如图 2-5、图 2-6 所示，我们统计分析了 157 次雷暴天气过程的持续时间、降水强度、大风等级等要素分布特征。从持续时间来看，西安机场的雷暴天气过程有 78.3%持续时间小于 3 h，62.4%持续时间小于 2 h，26.8%持续时间小于 1 h。持续时间 5 h 及以上的雷暴天气过程仅占 11.5%，17 年一共只发生了 19 次，平均约 1 年 1 次，近 3 年仅 2021 年 5 月 2 日出现 1 次持续时间超 10 h 的雷暴天气过程。在整个天气过程中，有观测到雷暴的 METAR 报文为 6 次，造成该天气过程的主要天气系统为高空冷涡，雷暴在空间分布上较为分散，属于分散性雷暴。从降水强度来看，西安机场与雷暴并发的降水事件有 30%的过程没有降水产生、36%的过程是弱降水，仅有 6%的过程是中等强度的降水，总体来看雷雨普遍偏弱。从雷暴并发大风来看，61%的雷暴过程中西安机场风速小于等于 5 m/s，只有 17%的过程风速超过 10 m/s，总体来看雷暴并发风速较小。

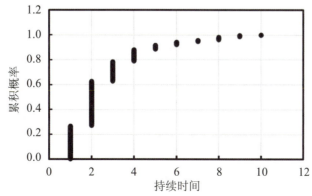

图 2-5　西安机场雷暴天气过程持续时间分析

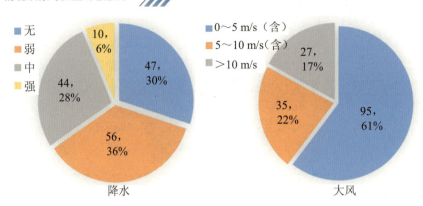

图 2-6 西安机场雷暴天气降水强度、大风等级占比

2.2.1.3 机场强对流天气过程分析

强对流天气的类型可分为雷暴大风型、雷暴冰雹型、雷暴龙卷型以及雷暴短时强降水型。由于雷暴大风型的风速至少要达到 17.2 m/s，而 2011 年至 2021 年筛选出的雷暴日的风速最大值只有 16 m/s，因此，西安机场 2011 年至 2021 年不存在雷暴大风型强对流天气。这 11 年西安机场并未出现龙卷天气，因此也不存在雷暴龙卷型强对流天气。在这 11 年来筛选出的雷暴日中，地面常规观测记录和 METAR 数据中出现冰雹的只有 1 天，即雷暴冰雹型强对流天气只有 1 天，出现在 2012 年的雷暴日中，占所有雷暴过程总数的 0.95%；雷暴短时强降水型强对流天气（每小时降水量≥20 m）有 7 天，占所有雷暴过程总数的 6.7%；其余雷暴天气过程均为普通型雷暴天气过程，占所有雷暴过程总数的 92.35%。

综上所述，2011 年至 2021 年发生在西安机场的强对流天气过程较少，共发生了 8 次，其中，1 次为雷暴冰雹型强对流天气，7 次为雷暴短时强降水型强对流天气，没有雷暴大风型和雷暴龙卷型强对流天气。

西安机场 2011 年至 2021 年的 8 次强对流过程分别出现在 2011 年 8 月 15 日、2012 年 4 月 20 日、2014 年 7 月 22 日、2015 年 7 月 18 日、2016 年 7 月 24 日、2016 年 8 月 24 日、2017 年 4 月 12 日和 2019 年 8 月 5 日。为了便于分析，将这几次天气过程按照时间顺序依次记为第 1 至 8 次天气过程，其中第 2 次强对流过程为雷暴冰雹型，其余 7 次天气过程都是雷暴短时强降水型。如图 2-7 所示，强对流天气主要发生在 7 月和 8 月，都是 3 次，剩余 2 次发生在 4 月。8 次强对流天气主要发生在 14 时至 20 时，2 次发生在 8 时至 14 时，20 时至次日 8 时没有强对流天气过程出现，其中，雷暴冰雹型强对流天气发生在 8 时至 14 时，短时强降水型在两个时间段都有发生。持续时间最长的强对流天气过程是第 6 次，发生在 2016 年 8 月 24 日，为短时强降水型，持续时间为 8 h；最短的过程为 2 h，是第 2 次，发生在 2012 年 4 月 20 日，为雷暴冰雹型；而短时强降水型强对流天气过程的持续时间最短的为 3 次，都为 3 h。

从年分布特征来看，如图 2-8 所示，雷暴短时强降水型在 2016 年出现次数最多，2011 年、2014 年、2015 年、2017 年和 2019 年都发生了 1 次，其余年份没有此类天气过程出现；雷暴冰雹型只在 2012 年出现；普通雷暴天气在这 11 年每年都发生，2015 年发生次数最多，为 14 次，2019 年最少，为 5 次。

图 2-7 西安机场 2011—2021 年 8 次强对流天气日分布图和年分布图

图 2-8 西安机场 2011—2021 年不同强对流过程类型年分布图

从月分布特征来看，如图 2-9 所示，雷暴短时强降水型在 7、8 月出现次数最多，都是 3 次，在 4 月出现了 1 次，其他月份没有此种类型强对流天气出现；雷暴冰雹型只在 4 月有出现；普通雷暴天气在 3 至 9 月都有发生，主要发生在 7、8 月，在 7 月出现次数最多，为 25 次，3 月最少，发生了 2 次。

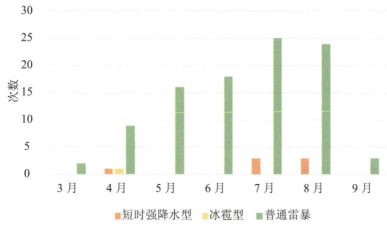

图 2-9 西安机场 2011—2021 年不同强对流过程类型月分布图

从日变化来看，如图 2-10 所示，西安机场强对流天气过程主要出现在 14 时至 20 时，其次是 08 时至 14 时，在 20 时至次日 08 时没有强对流过程出现；普通雷暴型天气过程变化与总的雷暴天气的日变化规律较为一致，在三个时间段都有发生，在 20 时至次日 8 时发生的次数最少，08 时至 14 时最多。普通雷暴过程最大频率区间为 08 时至 14 时，最小频率区间在 20 时至次日 08 时；雷暴短时强降水型的最大频率区间在 14 时至 20 时；由于雷暴冰雹型强对流天气只出现 1 次，因而在此不做频率分析。

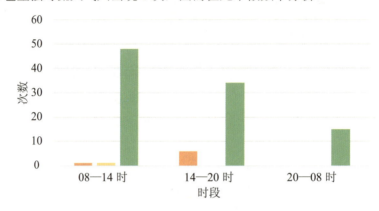

图 2-10　西安机场 2011—2021 年不同强对流过程类型分布图

2.2.2　西安机场雷暴空间分布特征

依据孙建华等人对雷达回波的组织类型分类方法，我们将雷达组合反射率图像按照其回波的对流组织类型分为 4 大类 11 小类。4 大类分别为：单体类对流、非线状对流（NL）、线状对流和空类型（雷达缺测 null）。单体类对流包括孤立对流单体（IC）、簇状对流单体（CC）和断线型对流（BL），线状对流包括无层状云（NS）、拖曳层状云（TS）、前导层状云（LS）、平行层状云（PS）、镶嵌线状对流（EL）和弓状回波（BE）。由于资料缺失，我们只能收集到 2016 年至 2021 年的雷达组合反射率，因此只分析了 2016 年至 2021 年的强对流天气过程的雷达回波特征。

西安机场在 2016 年至 2021 年共发生了 4 次强对流天气过程，2016 年有 2 次，2017年和 2019 年分别为 1 次。4 次强对流过程共得到 200 个对流组织类型样本，其中，2016 年得到了 140 个对流组织类型样本，2017 年得到了 30 个对流组织类型样本，2019 年得到了 30 个对流组织类型样本。2016 年至 2021 年的 4 次强对流过程中，雷达回波的对流组织类型有 1 次为 PS 型（平行层状云），1 次为 TS 型（拖曳层状云），还有 2 次为空类型（没有明显强对流组织类型）。

从逐小时的雷达组合反射率得知，发生在 2016 年 7 月 24 日的强雷暴过程中，在上午 11 时左右在西安机场西北方约 140 km 有雷暴出现，雷暴位置随时间向东移动，约在 14 时 30 分雷暴加强；接着继续东移，16 时在西安机场的西南部约 180 km 又有雷暴产生，在 19 时左右到达西安机场，然后向东北移动直至观测不到。发生在 2017 年 4 月 12 日的强雷暴过程中，在 12 时 30 分左右西安机场的东北部约 200 km 处有雷暴出现，随时间向东移动于 16 时左右消失；在 17 时左右西安机场西北方向约 70 km 处又有雷暴出现，此雷暴于 18 时 30 分左右消失；在 19 时 30 分左右在西安机场西北部约 140 km 处有新的雷暴出现，随时间向东南移动，于 23 时左右到达西安机场，后继续移动直至消失。

由于剩余 2 次过程的雷达组合反射率没有明显的对流组织类型，无法从雷达回波特征对雷暴的移动过程进行分析，因而在此未能做分析。

2.2.3 西安机场雷暴环境参数分析

2.2.3.1 K 指数特征

K 指数能反映雷暴发展潜力，由大气低层的温度和露点温度通过计算得出，计算使用 850、700 和 500 百帕的温度和 850 及 700 百帕的露点温度，其单位为摄氏度。K 指数越大，表明层结越不稳定，雷暴发展的可能性就越大。

我们利用 ERA5 资料将西安机场 2011 年至 2021 年间的 8 次强对流天气过程的 K 指数进行提取、计算并绘制了折线图（图 2-11），统计结果的时间分辨率为 1 h。8 次强对流天气过程发生时段分别为 UTC 时间的 14—18 时、08—09 时、14—17 时、16—18 时、11—16 时、15—22 时、15—17 时、16—18 时，总结 8 次强对流天气过程的 K 指数变化可知，K 指数均为雷暴发生前缓慢上升或者波动，雷暴发生后缓慢下降。总的来说，强对流天气发生过程中的 K 指数波动幅度都不大，K 指数的最小值为 23.9 ℃，最大值为 40.7 ℃，均大于 20 ℃。

2.2.3.2 CAPE 特征

对流有效位能（convective available potential energy，CAPE）能反映风暴的潜在强度，其单位为焦耳每千克（J/kg）。这是大气不稳定（或稳定）的一种迹象，可用于评估对流发展的潜力，而对流可导致暴雨、雷暴和其他恶劣天气。在 ECMWF 综合预报系统（IFS）中，CAPE 是通过考虑在 350 百帕以下的不同模式层离开的空气包裹来计算的。如果一团空气比其周围环境更有浮力（更温暖和/或含有更多的水分），它将继续上升（上升时冷却），直到它达到不再具有正浮力的点。CAPE 是由总过剩浮力表示的势能。CAPE 的较大正值表明一个气团会比它周围的环境热得多，因此浮力很大。CAPE 与上升气流中空气的最大潜在垂直速度有关。因此，较高的 CAPE 特征值表明出现恶劣天气的可能性较大。在雷暴环境中观察到的值通常可能超过 1000 J/kg，在极端情况下可以超过 5000 J/kg。

我们利用 ERA5 资料将 8 次强对流天气过程的 CAPE 特征值进行提取、计算并绘制了折线图（图 2-12），统计结果的时间分辨率为 1 h。

第 1 次强对流过程的发生时段为 14 时至 18 时，雷暴发生前 CAPE 先降低后缓慢上升，雷暴发生过程中 CAPE 下降，最大值为 2794.5 J/kg，最小值为 1279.4 J/kg，雷暴发生后 CAPE 继续下降。

第 2 次强对流过程的发生时段为 08 时至 09 时，雷暴发生前 CAPE 上升但值很小，雷暴发生过程中 CAPE 上升，最大值为 10.99 J/kg，最小值为 8.99 J/kg，雷暴发生后 CAPE 为 0。

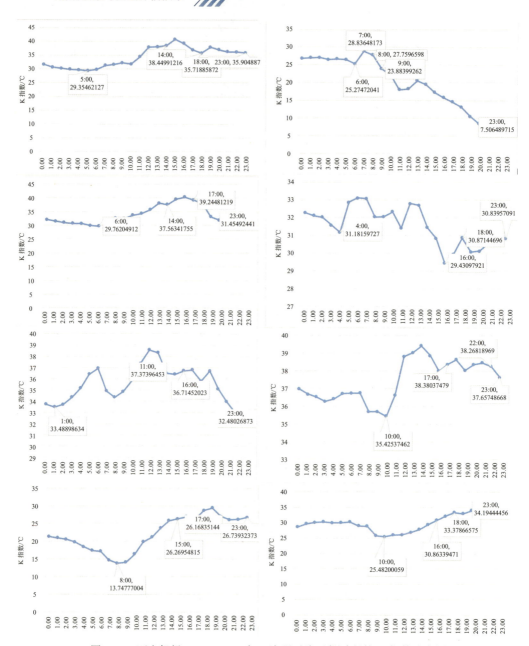

图 2-11　西安机场 2011—2021 年 8 次强对流天气过程的 K 指数分布图

（从左到右，从上到下依次为第 1 至 8 次）

第 3 次强对流过程的发生时段为 14 时至 17 时，雷暴发生前 CAPE 缓慢上升，雷暴发生过程中 CAPE 继续上升，最大值为 421.5 J/kg，最小值为 86.1 J/kg，雷暴发生后 CAPE 下降。

第 4 次强对流过程的发生时段为 16 时至 18 时，雷暴发生前 CAPE 先下降后上升，雷暴发生过程中 CAPE 继续上升，最大值为 922 J/kg，最小值为 823.3 J/kg，雷暴发生后 CAPE 开始下降。

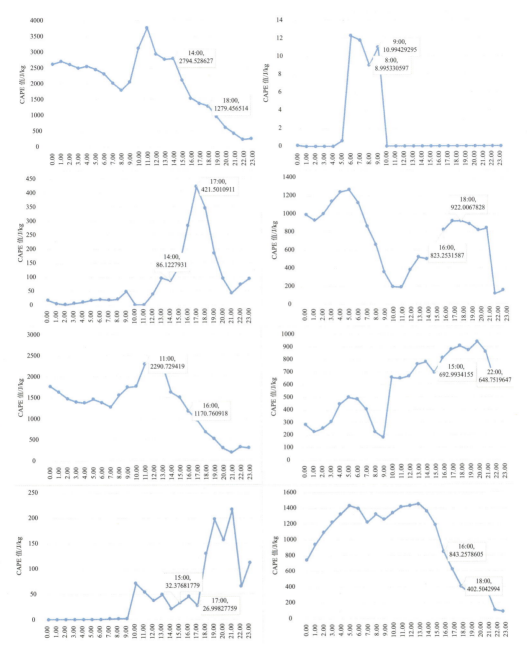

图 2-12 西安机场 2011—2021 年 8 次强对流天气过程的 CAPE 分布图

（从左到右，从上到下依次为第 1 至 8 次）

　　第 5 次强对流过程的发生时段为 11 时至 16 时，雷暴发生前 CAPE 逐渐上升，雷暴发生过程中 CAPE 一直下降，最大值为 2290.7 J/kg，最小值为 1170.8 J/kg，雷暴发生后 CAPE 继续下降。

　　第 6 次强对流过程的发生时段为 15 时至 22 时，雷暴发生前 CAPE 缓慢上升，雷暴发生过程中 CAPE 在 648.8 J/kg 和 937.8 J/kg 之间波动，雷暴发生后 CAPE 上升。

第 7 次强对流过程的发生时段为 15 时至 17 时，雷暴发生前 CAPE 逐渐上升后降低，雷暴发生过程中 CAPE 先上升后下降，最大值为 45 J/kg，最小值为 27 J/kg，雷暴发生后 CAPE 西安上升后下降。

第 8 次强对流过程的发生时段为 16 时至 18 时，雷暴发生前 CAPE 缓慢上升后下降，雷暴发生过程中 CAPE 逐渐下降，最大值为 843.3 J/kg，最小值为 402.5 J/kg，雷暴发生后 CAPE 上升。

总的来说，几次强对流天气发生过程中的 CAPE 总体保持下降趋势，CAPE 的最小值为 9 J/kg，最大值为 2794.5 J/kg，总体相差较大。

2.2.3.3 TT 指数特征

总指数（total totals index，TT）越大，越容易发生对流天气。我们利用 ERA5 资料将西安机场 2011 年至 2021 年的 8 次强对流天气过程的总指数进行统计，统计结果的时间分辨率为 1 h。分析统计结果可知，所有强对流发生过程中的总指数均大于 42 ℃，平均值为 45.67 ℃。其中，总指数最小值出现在 2016 年 8 月 24 日的强对流过程中，为 40.98 ℃；最大值出现在 2017 年 4 月 12 日的强对流过程中，为 52.67 ℃。取每次强对流过程的总指数平均值绘制柱状统计图，如图 2-13 所示，从图中可明显看出，2017 年 4 月 12 日的总指数平均值最大，2011 年 8 月 15 日的平均值最小，强对流过程的总指数整体较高，有利于对流天气的发生。

图 2-13　西安机场 2011—2021 年的 8 次强对流天气过程的 TT 指数分布

2.2.3.4 0 ℃层高度特征

0 ℃层高度是云中冷暖云分界线高度，是表示雹云特征的重要参数。我们利用 ERA5 资料将 8 次强对流天气过程的 0 ℃层高度进行统计，统计结果的时间分辨率为 1 h。分析统计结果可见，强对流发生过程中的 0 ℃层高度的平均值在 4381.9 m。其中，0 ℃层高度最小值出现在 2017 年 4 月 12 日的强对流过程中，为 2456.0 m；最大值出现在 2016 年 8 月 24 日的强对流过程中，为 5588.6 m。取每次强对流过程的 0 ℃层高度指数平均值绘制柱状统计图，如图 2-14 所示。从图中可明显看出，2016 年 8 月 24 日的 0 ℃层高度平均值最大,为 5388.7 m;2017 年 4 月 12 日平均值最小,为 2556.5 m。总的强对流过程的 0 ℃层高度变化较大,但单次强对流过程的 0 ℃层高度的波动较小,变化不大。

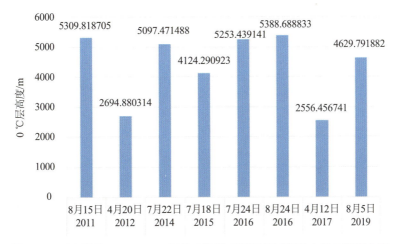

图 2-14 西安机场 2011—2021 年的 8 次强对流天气过程的 0 ℃层高度分布

2.2.4 雷暴环境参数对比分析

2.2.4.1 K 指数

我们利用 ERA5 资料统计出西安机场 2011 年至 2021 年所有雷暴天气过程的 K 指数,统计结果的时间分辨率为 1 h,计算出短时强降水型、雷暴冰雹型强对流天气和普通雷暴发生时段 K 指数的平均值,如图 2-15 所示。分析统计结果可见,短时强降水型发生过程中的 K 指数平均值最大,为 34.53 ℃,雷暴冰雹型的 K 指数平均值为 25.82 ℃,而普通雷暴的 K 指数平均值则为 31.50 ℃,介于两种强对流天气之间。

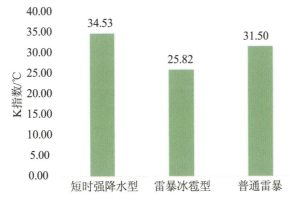

图 2-15 西安机场 2011—2021 年不同强对流过程类型 K 指数平均值

2.2.4.2 CAPE 值

我们利用 ERA5 资料统计出西安机场 2011 年至 2021 年所有雷暴天气过程的 CAPE 值,统计结果的时间分辨率为 1 h,计算出短时强降水型、雷暴冰雹型强对流天气和普通雷暴发生时段 CAPE 值的平均值，如图 2-16 所示。分析统计结果可见，短时强降水型发生过程中 CAPE 值平均值最大，为 899.87 J/kg,雷暴冰雹型为 9.99 J/kg,普通雷暴的 CAPE 平均值为 458.65 J/kg，介于两种强对流天气之间。

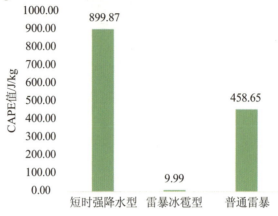

图 2-16　西安机场 2011—2021 年不同强对流过程类型 CAPE 平均值

2.2.5　西安机场雷暴天气形势分析

强对流天气是否发生离不开大的天气尺度环境条件，查阅文献结合统计分析可知西安机场出现强对流天气主要的天气形势。

2.2.5.1　高空天气系统

影响西安机场强对流天气的高空天气系统主要有低槽（高空槽）型、低涡型和副高边缘型。高空槽活动反映了不同纬度间冷、暖空气的一次交换过程，会给中、高纬度地区带来阴雨和大风天气。对于西安机场来说，低槽常携带大量水汽，满足了产生强对流天气的水汽条件，而槽前较强的暖湿平流，具有较强的上升运动，满足了发生雷暴等强对流天气的必要的动力条件，因此低槽型高空天气系统影响了西安机场的强对流天气的发生发展。低涡天气系统的范围较小，当其存在和发展时，在地面天气图上可能出现低压，锋面气旋的发展强度可能会加强。当低涡区内有较强的空气上升运动时，降水的有利条件就被满足。西北涡多来源于柴达木盆地，其次为青海省东南部、甘肃省南部和四川省北部等地区。当西安机场西北部的甘肃等地区产生低涡时，西安机场位于低涡的东南部，随着低涡向东移动，机场往往有较强的雷暴发生。在冷空气条件适宜的情况下，副高的活动也可能造成西安机场产生短时间的雷雨天气。统计数据显示，西安机场的几次强对流天气过程的高空天气系统主要是低槽型。

2.2.5.2　地面天气系统

地面天气主要受低压系统影响，与高空的槽和低涡相对应。统计数据显示，西安机场的 8 次强对流天气过程的地面影响系统主要是低压系统。

2.3　西安机场低能见度天气特征

西安机场位于泾河与渭河两条河流之间。河流可以为机场雾的形成提供充足的暖湿空气，易形成低能见度天气。

中国民用航空局在航空器机场运行最低标准的制定与实施规定中指出：I 类精密进近着陆标准为能见度≥800 m 或跑道视程≥550 m。当机场主导能见度＜800 m 时，飞机飞行将会受到一定影响。因此我们将机场主导能见度低于 800 m 的情况称为低能见度天气事件。为了对选出典型的低能见度天气事件进行个例分析，我们将所有低能见度天气事件按持续事件进行排序。但持续时间并不能直观反映事件中低能见度天气的强度，因此我们综合了事件持续时间以及主导能见度的具体数值建立低能见度时间强度指数 LVI（low visibility event intensity index），单位为米（m），计算式为

$$LVI = \sum_{n=1}^{h}(800 - VIR_n)$$

式中，h 为低能见度事件的持续时间，VIR_n 为该事件发生第 n 个小时的主导能见度。

2.3.1　低能见度时间变化特征

2.3.1.1　日变化特征

通过 METAR 报文中逐小时的能见度数据统计可得 2005—2021 年西安机场低能见度天气事件发生时间时刻分布情况，如图 2-17 所示。低能见度天气累计 2285 小时。低能见度天气的时刻分布具有一定的连续性。低能见度天气累计小时数在 07 时达到最大值（图 2-17 所示时刻已调整为北京时间），累计达 188 小时，此时正值太阳初升。在太阳完全升起后，太阳辐射强度增大，气温逐渐上升，低能见度天气也逐渐减少，15 时达到最低值。16 时太阳辐射逐渐减弱，低能见度累计小时数则逐渐增加，直至太阳再次升起。

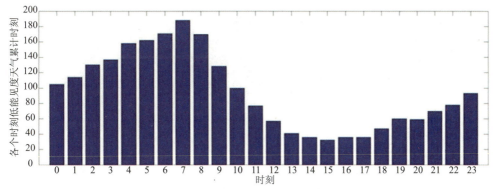

图 2-17　2005—2021 年西安机场低能见度天气事件发生时间时刻分布

2.3.1.2　月变化特征

如图 2-18 所示为 2005—2021 年西安机场低能见度天气事件发生时间月份分布情况，对低能见度天气的月分布进行分析可知，低能见度天气一年四季均可发生，但分布并不

均匀。低能见度天气事件主要集中在每年 10 月至次年 2 月。其中，10 月发生次数最多，共 75 次；其次是 11 月和 1 月，分别为 74 次和 72 次；6 月累计低能见度天气事件最少，15 年内仅发生 11 次。可见低能见度天气主要发生在冬季，占比达 52.8%，春秋季次之，夏季最少。

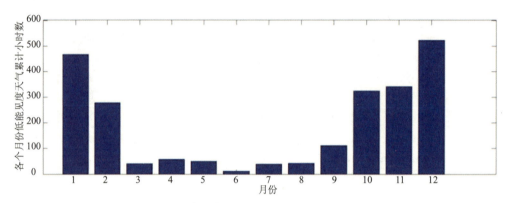

图 2-18　2005—2021 年西安机场低能见度天气事件发生时间月份分布

2.3.1.3　年变化特征

西安机场年平均低能见度天气小时数约为 134.4 h。如图 2-19 所示为 2005—2021 年西安机场低能见度天气事件发生时间年分布情况，从其间各个年份低能见度天气累计小时数的统计情况，可以看到低能见度天气年累计小时数总体呈波动下降趋势。其中，2006 年最多，达 404 h；2017 年最少，仅为 12 h。

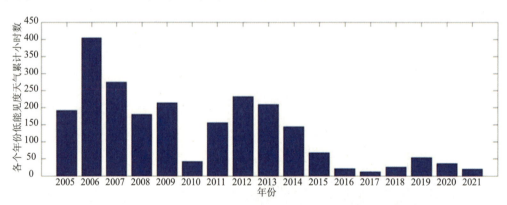

图 2-19　2005—2021 年西安机场低能见度天气事件发生时间年分布

2.3.2　低能见度天气事件库

如图 2-20 所示为 2005—2021 年西安机场低能见度天气事件持续时间频次图。通过 METAR 报文中逐小时的能见度数据统计可知，2005—2021 年西安机场共发生 400 次低能见度事件，随持续时间的增长低能见度天气事件发生频次呈下降趋势。持续时间最长的低能见度天气事件为 55 h，即该事件中有连续 55 h 机场主导能见度≥800 m。

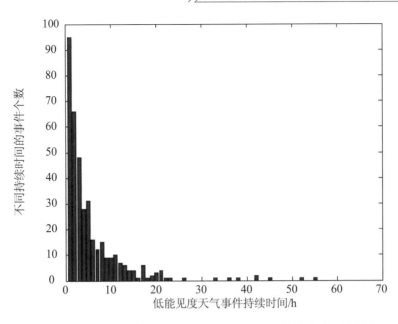

图 2-20 2005—2021 年西安机场低能见度天气事件持续时间频次图

表 2-1 所列为 2005—2019 年持续时间最长的 10 次低能见度天气事件（按持续时间排序），表中还列出了对应事件的起止时间、持续时间、主导能见度最低值。由表 2-1 所列可知，持续最长的低能见度事件发生在 2007 年 12 月 21 日 17 时至 12 月 23 日 23 时（UTC时间）。同时可以看到，10 次事件均发生在当年 10 月至次年 2 月，主要发生在冬季。

表 2-1 2005—2019 年间持续时间最长的 10 次低能见度天气事件

位序	开始时间	结束时间	持续时间/h	主导能见度最低值/m	平均主导能见度/m
1	2007/12/21/1700	2007/12/23/2300	55	100	498
2	2014/02/15/1300	2014/02/17/1600	52	300	512
3	2013/12/23/0900	2013/12/25/0500	45	600	682
4	2006/01/28/1000	2006/01/30/0300	42	200	571
5	2012/01/17/1000	2012/01/19/0300	42	50	438
6	2005/12/29/1300	2006/01/01/0200	38	50	463
7	2006/12/24/0900	2006/12/25/2000	36	50	258
8	2007/11/14/0900	2007/11/15/1700	33	400	483
9	2009/10/08/0800	2009/10/09/0900	26	400	546
10	2008/01/10/2300	2008/01/11/2100	23	400	543

注：1）开始时间，结束时间的格式为年/月/日/时，且均为 UTC 时间；

2）表中平均主导能见度数值为四舍五入取整数后所得。

根据表 2-2 所列 2005—2019 年强度最大的 10 次低能见度天气事件，可知强度最大的事件发生在 2006 年 12 月 24 日 09 时至 12 月 25 日 20 时（UTC 时间）。

表 2-2　2005—2019 年强度最大的 10 次低能见度天气事件

位序	开始时间	结束时间	LVI/m	主导能见度最低值/m	平均主导能见度/m
1	2006/12/24/0900	2006/12/25/2000	19500	50	258
2	2007/12/21/1700	2007/12/23/2300	16600	100	498
3	2012/01/17/1000	2012/01/19/0300	15200	50	438
4	2014/02/15/1300	2014/02/17/1600	15000	200	571
5	2005/12/29/1300	2006/01/01/0200	12800	50	463
6	2015/11/30/1100	2015/12/01/0300	10500	0	182
7	2009/11/13/1300	2009/11/14/0400	10200	100	163
8	2006/01/28/1000	2006/01/30/0300	9600	200	571
9	2007/11/14/0900	2007/11/15/1700	8500	400	483
10	2009/02/07/0700	2009/02/08/0000	8500	100	328

注：1）开始时间，结束时间的格式为年/月/日/时，且均为 UTC 时间；

　　2）表中平均主导能见度数值为四舍五入取整数后所得。

2.3.3　持续时间最长的低能见度天气事件

持续时间最长的低能见度天气事件发生在 2007 年 12 月 21 日 17 时至 12 月 23 日 23 时（UTC 时间）持续时间为 55 个小时，LVI 为 16 600 m。为了方便对低能见度天气的发生、变化进行分析，我们按照机场能见度值变化将此次事件分为 5 个阶段，见表 2-3 所列。为使事件过程更加完整，我们将不属于此次低能见度天气事件的发生阶段纳入分析范围，如图 2-21 所示。图 2-21 中，红色线表示主导能见度（VIS），蓝色线表示跑道视程（RVR），绿色线为垂直能见度（Vertical VIS）。事件发生过程中低能见度天气发生了两次显著增强。第一次为发生阶段，开始于 21 日 09 时，该阶段 VIS 从 1500 m 下降至 700 m，低能见度天气事件开始，维持阶段后期有一次小幅增强，22 日 18 时至 19 时，VIS 降至 200 m 后，低能见度天气迎来减弱阶段，22 日 21 时至 23 日 06 时 VIS 不断上升，直至增强阶段，低能见度天气第二次增强，VIS 最低降至本事件最低值 100 m，而后进入二次减弱阶段，VIS 上升，低能见度天气事件结束。

表 2-3　2007 年持续时间最长的低能见度天气事件过程

阶段		发生阶段	维持阶段	减弱阶段	增强阶段	二次减弱阶段
起止时间（UTC）		21 日 09 时	21 日 17 时	22 日 21 时	22 日 08 时	22 日 21 时
		21 日 17 时	22 日 21 时	22 日 08 时	22 日 21 时	22 日 23 时
起止时间（BJT）		21 日 17 时	21 日 01 时	23 日 05 时	23 日 16 时	24 日 05 时
		22 日 01 时	23 日 05 时	23 日 16 时	24 日 05 时	24 日 07 时

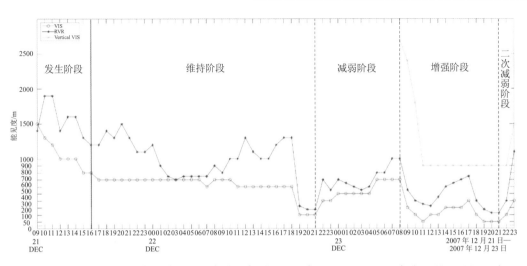

图 2-21　低能见度天气事件过程能见度时间序列（2007 年 12 月 21 日 17 时至 12 月 23 日 23 时）

结合 METAR 报文中的天气现象一栏可知本次低能见度天气过程以雾天气为主，23 日 08 时到 23 日 13 时有小雨。大雾天气是由水汽凝结产生的，为达到水汽饱和状态，一方面需要有充足的水汽输送，保证足够大的湿度；另一方面需要一定程度的降温，温度的下降使空气中所能容纳的水汽变少，促进雾滴生成。图 2-22 为 2007 年 12 月低能见度天气事件过程温度/露点时间序列图。

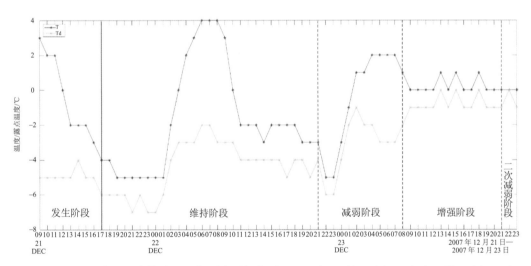

图 2-22　低能见度天气事件过程温度/露点时间序列（2007 年 12 月 21 日 17 时至 12 月 23 日 23 时）

该次低能见度天气事件发生阶段气温迅速下降，露点变化不大，该阶段能见度的降低主要与温度的大幅下降有关。维持阶段温度与露点都有一定程度的波动，波动趋势大致相同。此阶段前期能见度较为稳定，后期低能见度天气迅速增强，由图 2-22 所示可知，这应与降温有关。减弱阶段温度与露点都有所升高，但温度的上升幅度更大且露点在减弱阶段后期有一定下降，温度露点差变大，低能见度天气减弱。增强阶段温度下降，露点上升，温度露点差减小。之后二者变化趋势相同，温度露点差稳定在一个相对较低的值，低能见度天气增强。二次减弱阶段温度保持不变，露点有一定波动，低能见度天气事件结束。

表 2-4 所列为本次低能见度天气过程各阶段中不同影响因素及其影响程度，其中，"++"与"+"分别表示该因素在对应阶段对低能见度天气有较强或较弱的促进作用，"--""-"则表示对低能见度天气有较强或较弱的抑制作用，"="表示对低能见度天气没有显著影响。

表 2-4 2007 年 12 月低能见度天气事件过程各阶段中不同影响因素及其影响程度

阶段	发生阶段	维持阶段	减弱阶段	增强阶段	二次减弱阶段
起止时间（UTC）	21 日 09 时 21 日 17 时	21 日 17 时 22 日 21 时	22 日 21 时 23 日 08 时	23 日 08 时 23 日 21 时	23 日 21 时 23 日 23 时
起止时间（BJT）	21 日 17 时 21 日 01 时	21 日 01 时 23 日 05 时	23 日 05 时 23 日 16 时	23 日 16 时 24 日 05 时	24 日 05 时 24 日 07 时
主要变化要素	温度	温度、露点	温度、露点	温度、露点	不明显
温度	大幅下降（++）	波动变化（=）	上升（-）	下降（+）	基本不变（=）
850 hPa 温度平流	弱冷平流（+）	无明显平流（=）	弱暖平流（-）	无明显平流（=）	无明显平流（=）
地面温度平流	弱冷平流（+）	弱暖平流（-）	弱暖平流（-）	无明显平流（=）	无明显平流（=）
850 hPa 垂直速度	无明显垂直运动（=）	下沉运动（++）	弱下沉运动（+）	弱上升运动（-）	无明显垂直运动（=）
地面净太阳辐射（白天）	无太阳辐射（++）	弱太阳辐射（-）	弱太阳辐射（-）	太阳辐射减弱至无辐射（++）	无太阳辐射（++）
总云量覆盖率	无云覆盖（++）	少许云覆盖（+）	全云覆盖（++）	白天夜晚均为全云覆盖（-）	全云覆盖（--）
湿度	基本不变（=）	波动上升（+）	波动上升（+）	上升（++）	基本不变（=）
850 hPa 水汽通量及水汽通量散度	弱水汽辐合（+）	弱水汽辐散（-）	前期弱水汽辐散（-），后期弱水汽辐合（+）	强水汽辐合（++）	弱水汽辐合（+）

本次低能见度天气过程为辐射雾与降水。由表 2-4 可以看到，发生阶段的大雾主要是由温度降低引起的，该阶段湿度并没有明显变化。此次大幅度降温主要是因太阳下山，强辐射冷却作用导致。维持阶段下沉运动显著，同时，日出后太阳辐射较弱，有助于气温的降低，低能见度天气持续。减弱阶段开始于北京时间 05 时，低能见度天气的减弱与太阳辐射的增强及弱暖平流有关。增强阶段的低能见度天气主要与露点温度的上升有关。槽前上升气流导致低云积聚，同时水汽辐合较强，造成降水天气，能见度下降。二次减弱阶段降水天气减弱，能见度上升。之后，太阳升起，辐射增强，本次天气事件结束。

2.3.4 强度最强低能见度天气事件

我们研究时段内强度最强的事件发生在 2006 年 12 月 24 日 09 时至 12 月 25 日 20 时（UTC 时间），持续时间为 35 小时，*LVI* 为 19 500 m。我们按照机场能见度值变化将此次事件分为 6 个阶段，分别为前期阶段、增强阶段、维持阶段、减弱阶段、二次增强阶段与后期阶段，见表 2-5 所列，其中前期阶段与后期阶段不属于此次低能见度天气事件。如图 2-23 所示，事件发生过程中低能见度天气出现两次明显增强。增强阶段开始于 23 日 09 时，在 24 日 16 时 VIS 到达最低点 50 m。维持阶段低 VIS 状态一直持续到 25 日 01 时。后进入减弱阶段，低能见度天气减弱并产生一定的波动，VIS 上升至 500 m。25 日 15 时，二次增强阶段开始，低能见度天气再次增强，此次增强过程持续时间为 5 h，VIS 下降至 100 m。25 日 20 时，第二次增强过程结束。其后能见度开始大幅度上升，低能见度天气事件也随之结束。可以看到，能见度时间序列存在一定的日周期，两次增强阶段均发生在夜晚。

表 2-5 2006 年 12 月 24 日 09 时至 12 月 25 日 20 时低能见度天气事件过程

阶段	前期阶段	增强阶段	维持阶段	减弱阶段	二次增强阶段	后期阶段
起止时间（UTC）	24 日 03 时	24 日 09 时	24 日 16 时	25 日 01 时	25 日 15 时	25 日 20 时
	24 日 09 时	24 日 16 时	25 日 01 时	25 日 15 时	25 日 20 时	25 日 23 时
起止时间（BJT）	24 日 11 时	24 日 17 时	25 日 00 时	25 日 09 时	25 日 23 时	25 日 04 时
	24 日 17 时	25 日 00 时	25 日 09 时	25 日 23 时	26 日 04 时	25 日 07 时

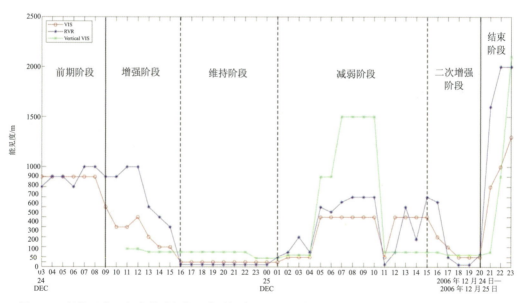

图 2-23 低能见度天气事件过程能见度时间序列（2006 年 12 月 24 日 09 时至 12 月 25 日 20 时）

结合 METAR 报文中的天气现象一栏可知，本次低能见度天气过程以雾天气为主，没有降水产生。

如图 2-24 所示为 2006 年 12 月 24 日 09 时至 12 月 25 日 20 时低能见度天气事件过程

温度、露点时间序列图。前期阶段温度略有上升，露点基本不变。增强阶段前期温度迅速下降，温度露点差减小并一直维持，温度露点差为 0 ℃。维持阶段温度及露点温度变化不大，均保持在一个较低水平。渐弱阶段温度露点一起上升后又回落。二次增强阶段温度露点均迅速降低。结束阶段温度露点略有上升，温度露点差依然为 0 ℃。

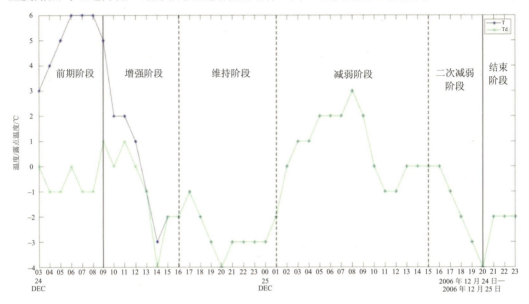

图 2-24　低能见度天气事件过程温度/露点时间序列图（2006 年 12 月 24 日 09 时至 12 月 25 日 20 时）

本次低能见度天气过程各阶段不同因素影响程度见表 2-6 所列，表中"++"与"+"分别表示该因素在对应阶段对低能见度天气有较强或较弱的促进作用，"--"与"-"则表示对低能见度天气有较强或较弱的抑制作用，"="表示对低能见度天气没有显著影响。

表 2-6　2006 年 12 月 24 日 09 时至 12 月 25 日 20 时低能见度天气事件过程各阶段不同因素影响程度

阶段	前期阶段	增强阶段	维持阶段	减弱阶段	下降阶段	后期阶段
起止时间（UTC）	24 日 03 时 24 日 09 时	24 日 09 时 24 日 16 时	24 日 16 时 25 日 01 时	25 日 01 时 25 日 15 时	25 日 15 时 25 日 20 时	25 日 20 时 25 日 23 时
起止时间（BJT）	24 日 11 时 24 日 17 时	24 日 17 时 25 日 00 时	25 日 00 时 25 日 09 时	25 日 09 时 25 日 23 时	25 日 23 时 26 日 04 时	25 日 04 时 25 日 07 时
主要变化要素	温度	温度	温度、露点	温度、露点	温度、露点	温度、露点
温度	大幅上升（--）	大幅下降（++）	动态稳定（+）	小幅上升（-）	大幅下降（+）	小幅上升（-）
850 hPa 温度平流	弱暖平流（-）	弱冷平流（+）	无明显平流（=）	弱暖平流（-）	无明显平流（=）	弱暖平流（-）
地面温度平流	弱暖平流（-）	无明显平流（=）	无明显平流（=）	弱暖平流（-）	无明显平流（=）	无明显平流（=）
850 hPa 垂直速度	强上升运动（--）	弱下沉运动（+）	弱下沉运动（+）	上升运动（--）/下沉运动（++）	弱下沉运动（+）	下沉运动（++）

（续表）

阶段	前期阶段	增强阶段	维持阶段	减弱阶段	下降阶段	后期阶段
地面净太阳辐射（白天）	弱太阳辐射（-）	无太阳辐射（++）	无太阳辐射（++）	弱太阳辐射（-）	无太阳辐射（++）	无太阳辐射（++）
总云量覆盖率	少许云覆盖（+）	无云覆盖（++）	无云覆盖（++）	白天逐渐完全覆盖（+）/夜晚少许云覆盖（+）	无云覆盖（++）	部分覆盖（--）
湿度	小幅上升（+）	小幅下降（-）	动态稳定（=）	小幅上升（+）	大幅下降（-）	小幅上升（+）
850 hPa 水汽通量（散度）	弱水汽辐合（+）	弱水汽辐合（+）	无明显散度（=）	无明显散度（=）	无明显散度（=）	弱水汽辐散（-）

对 2006 年 12 月 24 日 09 时至 12 月 25 日 20 时低能见度天气事件归因分析总结如下：

（1）天气现象：本次低能见度天气事件是由辐射雾导致的。

（2）环流形势：前期至维持阶段西安机场位于槽后，有较强的冷平流。减弱阶段开始，西安地区受西部一小槽影响，处于槽前状态。后槽越过西安地区，事件也随之结束。

（3）温度平流：低能见度天气的形成与冷平流有一定关联，但此次过程冷暖平流都较弱，对温度变化影响不大。

（4）垂直运动：850 hPa 处的垂直运动不利于本次事件的发展。

（5）非绝热作用：白天太阳辐射较弱与夜晚辐射冷却作用较强，二者导致气温在事件过程中持续偏低，是本次低能见度天气事件形成的主要原因。

（6）水汽输送：此次事件水汽输送较弱，但前期阶段与发生阶段的弱水汽平流依然为此次事件提供了充足的水汽。

2.3.5 低能见度对应的天气现象

对 VIS 影响最大的三种天气现象为：雾、雨、雪。其中，雾是引发西安机场低能见度的最主要天气现象，导致能见度下降最显著且发生频率最高；雨雪对主导能见度也有明显影响，但发生频率较低。如图 2-25 所示为低能见度下不同天气现象的平均 VIS，如图 2-26 所示为雾、雨、雪条件下造成低主导能见度的概率。

综上所述，利用 METAR 报文中逐小时能见度数据统计西安机场 2005 年至 2021 年的低能见度天气分布。结果表明：

（1）西安机场低能见度天气主要发生在冬季，春秋季次之，夏季最少。

（2）低能见度天气主要发生在夜晚，白天较少。

（3）低能见度天气在 2005—2021 年逐年减少。

我们找出持续时间最长及强度最大的事件，结合 ERA5 再分析数据进行归因分析，结果表明：

（1）持续时间最长的低能见度天气事件发生在 2007 年 12 月 21 日 17 时至 12 月 23 日 23 时（UTC 时间），持续时间为 55 h，由辐射雾和降水共同导致。

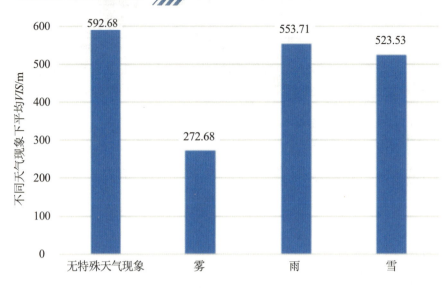

图 2-25　低能见度条件下不同天气现象的平均 VIS

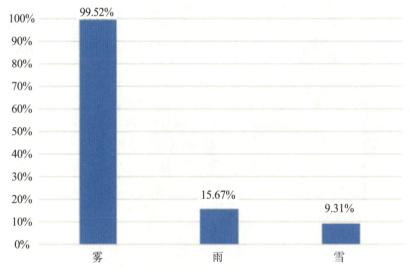

图 2-26　雾、雨、雪条件下造成低主导能见度的概率

（2）强度最大的低能见度天气事件发生在 2006 年 12 月 24 日 09 时至 12 月 25 日 20 时（UTC 时间），持续时间为 35 h，由辐射雾导致。

（3）两次低能见度天气事件的温度变化均主要由非绝热作用导致，温度平流与垂直作用也有一定促进作用，但不是低能见度天气事件发生的主要原因。

（4）2007 年 12 月水汽输送在低能见度天气事件后期带来的降水是低能见度天气事件持续时间较长的主要原因；2006 年 12 月低能见度天气事件中水汽输送作用较弱，从结果上看，弱水汽输送结合降温同样可以产生强大雾天气，但无法形成降水。

（5）对比两次低能见度天气事件可以发现，当雾的强度较低时，低能见度天气强度与温度露点差变化趋势较为接近。雾浓度较高时，低能见度天气强度与温度露点差变化趋势相关性较低。

2.4 西安机场低空风切变天气特征

2.4.1 低空风切变条件气候特征

利用 ERA5 再分析数据评估低空风切变天气条件的频率，根据定义的特定阈值，作为低空风切变天气的判断标准（表 2-7）。根据国际民航组织（2005）的建议，每 100 ft（30.48 m）超过 5 kt 的风速变化都可能对飞机操作产生重大影响。因为再分析数据往往低估了垂直风切变，因此阈值设置为 3 kt。由于许多过程的再分析和参数化的分辨率有限，这部分讨论的低空风切变主要是天气尺度压力梯度的结果，而与微爆发等局部现象无关。

表 2-7 风切变强度判断标准

类型	缩写	阈值
低空风切变	LLWS	0～100 m AGL 高度风速变化大于 3 kt/100 ft

如图 2-27 所示为 1959—2021 年 LLWS 的季节平均时数的空间分布。气压梯度导致的 LLWS 小时数分析表明，峰值出现在春季和冬季，而最小值出现在夏季，此时强烈的低空风切变通常是一种罕见的情况。

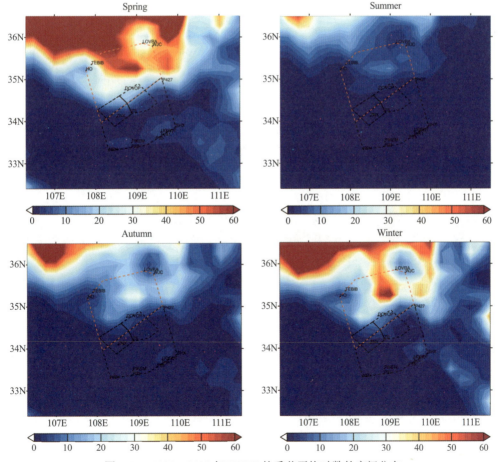

图 2-27 1959—2021 年 LLWS 的季节平均时数的空间分布

可见 LLWS 多发生在西安机场北部地区，对南部地区的威胁很低，如图 2-28 所示为 1959—2018 年西安机场 LLWS 小时数变化趋势的空间分布，图中的圆点表示具有统计学意义的趋势（p 值<0.1）。

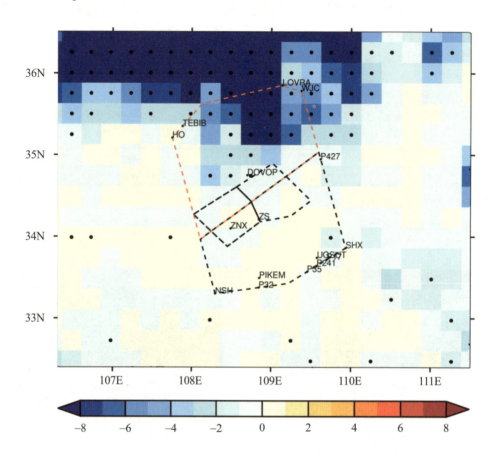

图 2-28　1959—2018 年西安机场 LLWS 小时数变化趋势的空间分布

西安机场北部地区呈下降趋势，并且大部分地区通过了显著性水平为 0.1 的检验，西安机场南部地区呈增加趋势，但大部分地区增加趋势不显著。

2.4.2　大风气候特征

风是航空飞行的重要指标，在飞机起降过程中，风向、风速作为重要参数，由空中交通管制部门提供给机组人员。根据 2017—2021 年 METAR 报文资料，我们得知西安机场主要以东北风、西风、西南风为主，不同季节有差异。在春季和秋季，主要是东北风，其次是西风；在夏季，以东北风为主；在冬季，以西风为主。四个季节大于等于 7 m/s 的风速都是以东北风为主。如图 2-29 所示为 2017—2021 年西安机场平均风向风速玫瑰图。

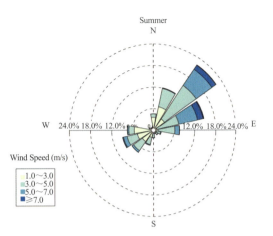

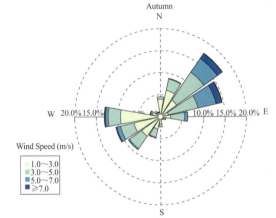

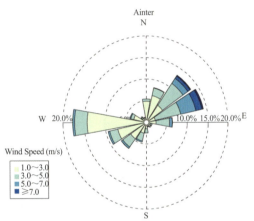

图 2-29　2017—2021 年西安机场平均风向、风速玫瑰图

大风主要影响飞机的起飞降落，危及停场飞机的安全，损坏地面设施，尤其是雷暴引起的大风及由此产生的低空风切变，直接影响飞机的起飞与着陆。我们利用 2017—2021 年 METAR 报文资料，分析了大风小时数月变化和日变化趋势。大风定义为 10 min 平均风力为 6 级以上（风速大于 10.8 m/s），或者阵风 7（风速大于 13.9 m/s）。大风主要发生在 3 月和 4 月，其次是 2 月，夏季发生小时数很低，秋冬季几乎不发生大风。如图 2-30 所示为 2017—2021 年西安机场平均大风小时数月变化和小时变化趋势。

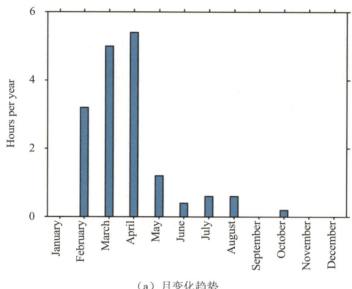

（a）月变化趋势

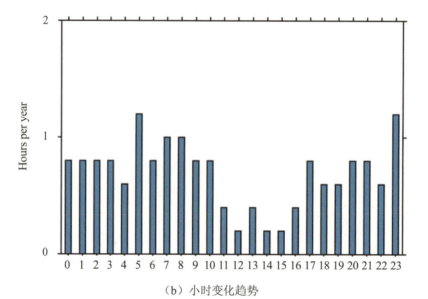

（b）小时变化趋势

图 2-30　2017—2021 年西安机场平均大风小时数月变化和小时变化趋势

2.5　西安机场道面冰雪天气特征

西安市位于我国西北部，从气候上看，属于大陆性季风气候，冬季寒冷、水汽输送较少，因此降水不多。我们对 2005—2021 年的西安机场的降雪天数和持续时间进行统计（图 2-31），发现降雪持续时间较短，强度较低，并且都有下降趋势。17 年间，降雪天数总共为 195 d，降雪总时长大约 1430 h，每年平均降雪天数约为 11 d，降雪总时长约为 84 h。其中降雪天数最多、持续时间最长的年份均为 2008 年，一年中有 18 d 的天气状况为降雪，降雪总时长约为 221 h，降雪天数记录和持续时间最少的年份是 2021 年，全年仅有 1 次降雪记录，降雪总时长约为 7 h。

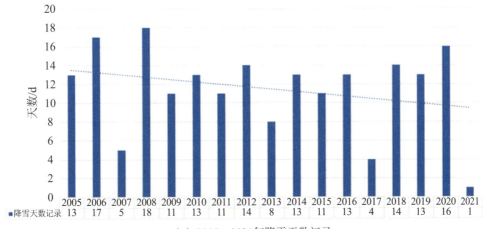

（a）2005—2021年降雪天数记录

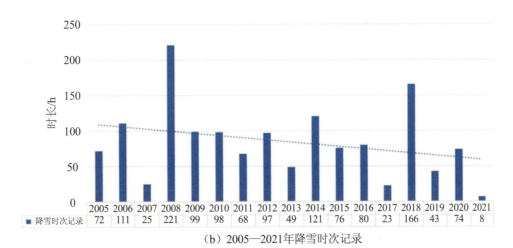

（b）2005—2021年降雪时次记录

图 2-31　2005—2021 年西安机场降雪天气天数和持续时间

将当天 08 时至次日 08 时累计降水量大于 0 毫米且日平均气温小于 0 ℃计为 1 个冰冻日。我们对 2005—2021 年西安机场冰冻日天数的年、月变化进行统计（图 2-32），分析可得，17 年间冰冻日天数共 104 d，年均冰冻日天数约为 6 d，其中 2008 年冰冻日天数最多（27 d）、2010 年次之（23 d），2013 年、2017 年全年无冰冻发生；冰冻的发生主要集中在冬季，其中 1 月最多（62 d）、12 月次之（20 d），3—10 月无冰冻记录。

图 2-33 所示为 2015—2021 年积雪天天数的年变化和月变化特征，可以看出，2005—2021 年西安机场共有积雪天天数 155 d，年均积雪天天数约 9 d，其中，2008 年积雪天天数最多（32 d），2018 年次之（24 d），2017 年最少，仅有 2 d；积雪主要发生在 1—2 月和 11—12 月，其中 1 月最多（80 d），2 月次之（44 d），5—10 月无积雪发生的记录。

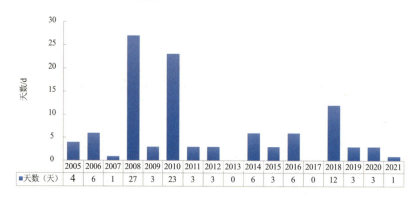

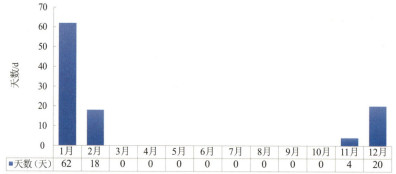

图 2-32 2005—2021 年西安机场冰冻天气日天数的年变化（上）和月变化（下）特征

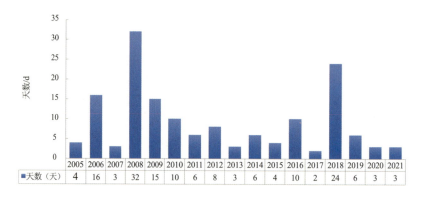

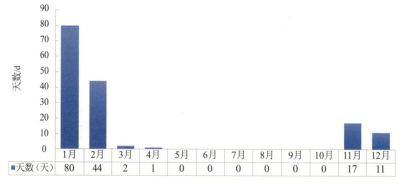

图 2-33 2005—2021 年西安机场积雪日天数的年变化（上）和月变化（下）特征

如图 2-34 所示为 2005—2021 年西安机场结冰日天数的年变化和月变化特征。可以看出，2005—2021 年西安机场共有结冰天数 1353 d，其中，2012 年结冰天数最多（108 d），2005 年次之（99 d），2021 年最少，无结冰发生；结冰主要发生在 1—3 月和 11—12 月，其中，1 月最多（454 d），12 月次之（395 d），5—9 月无结冰发生的记录。

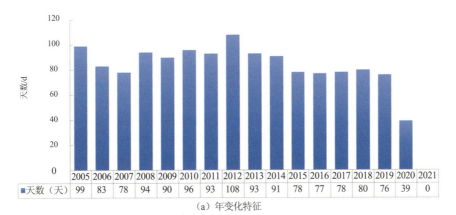

（a）年变化特征

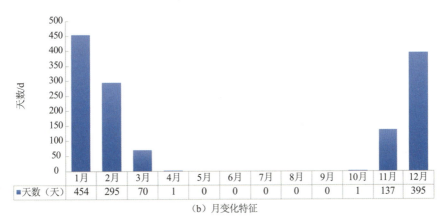

（b）月变化特征

图 2-34   2005—2021 年西安机场结冰日天数的年变化和月变化特征

2.6 小   结

本章基于机场多年自观系统观测报告、雷达数据、ERA5 再分析资料等多源数据，对 4 类特殊气象的时空演变气候特征进行了统计分析。结合数据来源和行业标准，分别研究了四类特殊气象的时空分布特征、环境参数以及天气发生的天气尺度环境条件，开展低能见度典型天气个例分析，提出了低能见度时间强度指数 LVI 并建立典型天气事件库，对低空风切变形成的天气尺度背景条件进行统计分析，考虑再分析数据的局限性，对垂直风切变阈值设置进行了适当调整。本章内容为后续章节开展 4 类特殊气象影响评估技术研究提供了气候统计支持。

参 考 文 献

[1] BOKADIA S, VALASEK J. Severe weather avoidance using informed heuristic search[C]. AIAA Guidance, Navigation, and Control Conference, Montreal, Canada, 2001: 1-9.

[2] CALLAHAM M, DEARMON J, COOPER A, et al. Assessing NAS Performance: Normalizing for the Effects of Weather. 4th USA/Europe Air Traffic Management R &D Symposium . 2001.

[3] COOK L, WOOD B, KLEIN A, et al. Analyzing the Share of Individual Weather Factors Affecting NAS Performance Using the Weather Impacted Traffic Index. 9th AIAA Aviation Technology, Integration, and Operations Conference (ATIO). 2009: 21-23.

[4] HOFFMAN B, KROZEL J, JAKOBAVITS R, et al. Potential Benefits of Fix-Based Ground Delay Programs to Address Weather Constraints[J]. Aiaa Journal, 2004.

[5] KLEIN A, COOK L, WOOD B, et al. Airspace capacity estimation using flows and Weather-Impacted Traffic Index[J]. Integrated Communications, Navigation and Surveillance Conference, 2008. ICNS 2008. IEEE, 2008.

[6] KROZEL J, WEIDNER T, HUNTER G. Terminal Area Guidance Incorporating Heavy Weather. AIAA Guidance, Navigation, and Control Conference. New Orleans, LA, 1997: 411-421.

[7] KROZEL J. Survey of Weather Impact Models used in Air Traffic Management[J]. 10th AIAA Aviation Technology, Integration, and Operations (ATIO) Conference. 2010.

[8] KROZEL J, MCNICHOLS W, PRETE J, et al. Causality Analysis for Aviation Weather Hazards[J]. Congress of Icas & Aiaa Atio. 2013.

[9] MUKHERJEE A, SRIDHAR B, GRABBE S. Optimizing Flight Departure Delay and Route Selection Under En Route Convective Weather[J]. Airspace Utilization, 2010, 19.

[10] MUKHERJEE A, GRABBE S, SRIDHAR B. Predicting Ground Delay Program At An Airport Based On Meteorological Conditions. AIAA Aviation Technology, Integration, and Operations Conference, 2014.

[11] SRIDHAR B, CHEN N. Short-Term National Airspace System Delay Prediction Using Weather Impacted Traffic Index[J]. Journal of Guidance, Control, and Dynamics, 2009, 32(2): 657-662.

[12] 陈明轩, 王迎春, 俞小鼎. 交叉相关外推算法的改进及其在对流临近预报中的应用[J]. 应用气象学报, 2007, 8（5）: 690-701.

[13] 李雄, 徐肖豪, 王超, 等. 基于凸多边形的飞行改航区划设及路径规划研究[C]. 2008 中国控制与决策会议, 2008.

[14] 李雄, 徐肖豪. 基于几何算法的空中交通改航路径规划[J]. 系统工程, 2008, 26（8）: 37-40

[15] 龙丁丁. 天气影响空中交通的量化初步研究[D]. 南京: 南京航空航天大学, 2016.

[16] 宋柯. 空中交通流量管理改航策略初步研究[D]. 南京: 南京航空航天大学, 2002.

[17] 张兆宁，魏中慧. 危险天气下的终端区动态容量评估[J]. 科学技术与工程，2015，15（21）：53-59+71.

[18] 王时敏. 恶劣天气对航班延误影响的初步量化研究[D]. 南京：南京航空航天大学，2017.

[19] 张静. 天气影响的机场容量与延误评估研究[D]. 南京：南京航空航天大学，2012.

[20] 王宗博，包杰，单小轩，等. 考虑雷暴气象细分因子的航班延误集成学习预测[J]. 航空计算技术，2022，52（03）：52-56.

[21] 何光勤，鲁力，胡敬玉，等. 基于最小二乘法的雷暴天气下飞行改航决策研究[J]. 安全与环境工程，2019，26（04）：171-176.

[22] 王清琦，张兆宁. 单体雷暴下的改航模型研究[J]. 航空计算技术，2016，46（01）：44-47.

[23] 何志强，卢新平，王丙兰.首都机场雷暴大风的初步研究[J].气象，2014，40（11）：1408-1413.

[24] 俞小鼎，周小刚，王秀明. 雷暴与强对流临近天气预报技术进展[J]. 气象学报，2012，70（03）：311-337.

[25] 高红燕，蔡新玲，李建科. 西安市低能见度特征分析[J]. 陕西气象，2005，（06）：26-27.

[26] 韩宁. "一带一路"背景下大西安航空物流发展建议——基于郑州航空物流发展的启示[J]. 综合运输，2020，42（11）：100-104.

[27] 王向华，苏怡. 陕西航空：拥抱蓝天 联通世界——西部机场集团成为推动"三个经济"重要力量[J]. 现代企业，2019（09）：4-5.

[28] 王娅. "一带一路"背景下我国西部民航业发展新机遇——以西安咸阳国际机场为例[J]. 西安财经学院学报，2016，29（06）：51-55.

[29] 航空器机场运行最低标准的制定与实施规定[S]. 中国民用航空总局，2001.

[30] 代冰冰，王杰，孙亚林. 丽江机场地面风场特征及气象保障分析[J]. 高原山地气象研究，2016，36（01）：86-90.

[31] 郭智亮，谢文锋，钟加杰，等. 广州白云机场一次微下击暴流引起的低空风切变过程分析[J]. 沙漠与绿洲气象，2019，13（4）：71-78.

[32] 沈宏彬，赵润华，张潇，等. 西南地区低空风切变事件分析[J]. 高原山地气象研究，2013，33（3）：37-42.

[33] 颜玉倩，田维东，李金海，等. 多源数据在高原机场一次低空风切变过程分析中的综合应用[J]. 高原气象，2020，39（6）：1329-1338.

[34] 赵倩，周后福，单乃超. 合肥一次低空风切变的观测与分析[J]. 气象科学，2019，39（5）：704-710.

[35] LI L, SHAO A, ZHANG K, et al. Low-Level Wind Shear Characteristics and Lidar-Based Alerting at Lanzhou Zhongchuan International Airport, China[J]. Journal of Meteorological Research, 2020, 34(3): 633-645.

[36] LIN C, ZHANG K J, CHEN X T, et al. Overview of Low-Level Wind Shear

Characteristics over Chinese Mainland[J]. Atmosphere, 2021, 12(5): 628.

[37] TASZAREK M, KENDZIERSKI S, PILGUJ N. Hazardous weather affecting European airports: Climatological estimates of situations with limited visibility, thunderstorm, low-level wind shear and snowfall from ERA5, Weather and Climate Extremes, 2020, 28, 100243.

[38] 敖娟，孙建奇. 中国西部冬季降水年际与年代际变化的水汽输送差异[J]. 气候与环境研究，2014，19：497-506

[39] 文聘，沈冰，黄领梅. 西安及附近地区降水量时空变化规律分析[J]. 水资源与水工程学报，2012，23：42-50

[40] 宗海锋，布和朝鲁，彭京备，等. 中国南方大范围持续性低温、雨雪和冰冻组合性灾害事件：客观识别方法及关键特征[J]. 大气科学，2022，46：1055-1070.

[41] 杨贵名，孔期，毛冬艳，等. 2008 年初"低温雨雪冰冻"灾害天气的持续性原因分析[J]. 气象学报，2008，66：737-750

第3章 机场百米尺度三维大气同化模式及气象大数据仓库

3.1 引　言

时空多尺度分析系统（space time multi-scale analysis system，STMAS）由局地分析与预报系统（local analysisand prediction system，LAPS）发展而来，是美国 NOAA/ESRL 开发的中尺度数据分析融合工具。LAPS-STMAS 经历过较大的改造升级，从最初的客观分析方法 LAPS 转变为变分同化系统 STMAS，在保留原始的资料质量控制和分析功能基础上，引入基于多重网格技术的连续变分方法，依次对各尺度的信息进行分析，得到更精确、细致的分析场。

近 20 年来，LAPS-STMAS 系统在美国的气象业务单位、高等院校和研究实验室广泛应用，同时，意大利、西班牙等国家和地区也移植并进行业务运行。韩国将其应用到本国的快速循环预报系统，并开展代码优化和基于 GPU 计算的程序改造，称为 KLAPS。LAPS 还被嵌入各预报和服务系统中。1996 年，亚特兰大奥运会的气象保障系统 OWSS 中就嵌入了 LAPS 分析，产生覆盖所有运动场馆的逐小时 8 km 空间分辨率的大气分析场。韩国 KLAPS 系统在 2018 年平昌冬奥会期间为奥组委提供了朝鲜半岛 5.5 km 的逐小时实况分析和未来 12 h 的短临预报产品。

在应用研究方面，国外学者将 LAPS-STMAS 分析场与独立观测数据进行对比，全面考察 LAPS-STMAS 的云分析、温度分析、风分析等的分析结果，一致认为其分析场效果良好，可以为局地或区域陆面模式、生态模式等预报模式提供所需的气象驱动场。借助 LAPS-STMAS 高分辨率分析场，学者们开展了多种天气系统的中尺度分析。

中国台湾较早引进 LAPS-STMAS 系统，实现天气预报模式的热启动业务。中国大陆，范蕙君、李红莉等将地面观测等多源资料陆续接入 LAPS-STMAS，为多源数据融合研究及应用打下了基础。此后，国内学者利用 LAPS-STMAS 的融合资料开展了天气系统分析和诊断、以 LAPS-STMAS 系统为平台考察各种观测资料的作用，对融合分析场开展质量检验以及将融合分析场作为预报模式初始场的热启动研究等多方面的研究工作。

在算法应用方面，中国气象局全球预报系统基于 LAPS 云分析方案和 ADAS 同化系统，发展了区域中尺度数值预报模式 GRAPES-MESO 中的云分析系统。2014 年，中国气象局公共气象服务中心从 NOAA 引进 LAPS-STMAS 数据融合系统，通过系统的本地化改进和算法升级，搭建了中国 3 km 分辨率逐小时的地面实况格点融合分析系统 CARAS-SUR3KM。该系统于 2016 年年底正式业务化运行。目前该系统已有两个升级版：中国地面 3 km 实况格点融合分析系统 CARAS-SUR1KM 和中国三维大气 3 km 实况格点融合分析系统精细化三维大气实况专业服务产品（three dimensional China atmospheric realtime analysis products，CARAS-3D）。上述两套业务系统均为 LAPS-STMAS 模式在中国本地化改进和发展的优秀代表。

如图 3-1 所示，针对机场局地气象条件复杂、本场观测数据有限等问题，我们的研究采用基于天基-空基-地基多源气象探测资料的局地气象大数据三维同化技术，使其融合结果能准确反演真实大气三维结构，在物理上合理并准确反映大气中各尺度物理现象，同时增加了地形调整等特殊处理方法，算法透明且计算速度快，在时效性、准确度和对海量数据的处理上具有明显优势。第一步，研究基于高精度地形的多重网格三维变分法；第二步，建立百米尺度的大气实况反演模式（CARAS3D-XA），实现本场、气象局、机载等多源时空不连续数据高分辨率快速融合，并最终形成机场气象大数据仓库。同时，研究模式的快速收敛算法，攻克海量数据快速同化难题，实现 0.2 km×0.2 km 高分辨率五维气象要素产品的分钟级输出。最终构建百米尺度的三维大气实况反演模式，实现多源数据快速同化。

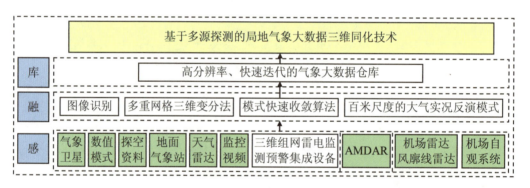

图 3-1　基于多源探测的局地气象大数据三维同化技术技术路线

我们的研究旨在寻找时效性、准确度和对海量数据处理上具有明显优势的综合数据同化融合方法，同时研发有效解决百米尺度三维数据快速同化的技术；最终实现构建机场飞行区气象大数据仓库的目标，为后续子课题对机场飞行区特殊气象预报预警技术的研发提供数据基础。

3.2　天基、空基、地基气象探测资料数据同化

我们基于已有的中国三维大气实况分析系统（CARAS-3D），开展西安机场周围区域百米、分钟级三维大气实况分析系统（CARAS3D-XA）的搭建。通过对西安机场周边天基、空基、地基观测和数值预报产品等多源异构数据的融合，利用模式临近预报场作为模式背景场数据，并以地面自动站数据、探空数据、卫星数据、雷达数据等作为模式输入，通过对数据质量控制和多源数据的相互校正融合，生成高时空分辨率的实况气象

要素和衍生要素的网格产品。产品内容包括地面温、压、湿、风、降水量，高空的风、温、湿要素，以及强对流指数等衍生网格产品。

3.2.1 天基数据

天基数据是指通过传感器位于地球大气层以外的观测设备获得的各类观测数据，如卫星数据、探测火箭数据等。本研究运用分钟级的葵花 8 号气象卫星数据以及风云 4 号气象卫星数据，通过系统云分析模块得到总云量、低云量、云底高、云幂高等云要素产品，以及大气中水汽微物理特征指标。

3.2.2 空基数据

空基数据即在传感器位于地球表面以上大气层的观测平台（如飞机、气球等）上进行气象观测获得的数据。本研究采用气球定时探空数据进行高空要素的同化融合分析。气球定时探空数据每天可获取两次（世界时零时，12 时）。该数据不需要做数据转换即可直接做数据融合，还可与卫星数据一起生成云类产品，同时还作为产品检验的基准参与三维大气产品的站点检验。

3.2.3 地基数据

地基数据就是在地表观测平台上进行气象观测获取的数据。它包括地面站点观测数据、雷达探测数据、模式背景场数据等。

3.2.3.1 地面观测数据

地面观测数据除气象台站的观测数据以外，我们同时采用道路沿线交通站以及部分能获取的水文站数据一起进行融合分析。地面观测数据是三维分析的基础，没有地面观测数据，就无法做地面分析，无法获得地表大气情况，从而导致三维大气分析无法进行。因此，我们尽可能地收集西安机场飞行区周边所有能收集的地面站观测值，以增加三维高空数据分析的可靠性。

3.2.3.2 雷达探测数据

常规天气雷达的探测原理是利用云雨目标物对雷达所发射电磁波的散射回波来测定其空间位置、强弱分布、垂直结构等。新一代多普勒天气雷达除能起到常规天气雷达的作用外，还可以利用物理学上的多普勒效应来测定降水粒子的径向运动速度，推断降水云体的移动速度、风场结构特征、垂直气流速度等。我们接入西安机场区周边雷达基数据，包括反射率数据和径向风两类数据，从而通过雷达数据获取大气层中云、水、冰粒子的分布特征，以及三维风场的分布特征。雷达数据主要参与系统的云分析过程以及三维风场分析过程，可为三维大气场的构建提供大量有价值的信息。

3.2.3.3 模式背景场数据

我们选取在西安机场周边区域预报效果良好的高分辨率天气预报模式作为三维大气

实况融合系统的背景场。背景场数据给分析系统提供了大尺度环流背景，使系统的分析结果不与大尺度大气动力和热力特征相背离；同时，还为系统提供各要素融合分析的初猜场。在此基础上，三维变分分析会逼近其他观测数据的"真值"。背景场数据同样非常重要，它在某种程度上直接影响产品本身的质量。因此本研究在水平分辨率均在 10 km 以下的几个模式中挑选最优的预报数据作为 CARAS3D-XA 系统背景场（模式列表见表 3-1）。

表 3-1　选用数值预报模式产品列表

产品名称	制作单位	水平分辨率
GRAPES_MESO-3km	数值预报中心	0.03°×0.03°
RMAPSST-9km	华北区域中心	0.09°×0.09°
RMAPSST-3km	华北区域中心	0.03°×0.03°
WARMS-9km	华东区域中心	0.09°×0.09°

通过对数据分辨率、时效性、易获取性及预报准确性等方面的比较分析，本研究最终选取了中国气象局数值预报中心的 GRAPES_MESO-3km 模式产品作为 CARAS3D-XA 系统背景场。

3.3　百米尺度的三维大气实况反演模式

当前，在中国气象局公共气象服务中心搭建并实时业务运转的 CARAS-3D 系统分析频次为逐小时，水平分辨率为全国 3 km×3 km，从地面到高空共 41 层。本研究搭建的西安机场飞行区百米尺度的三维大气实况反演模式 CARAS3D-XA，因其时空分辨率更高（百米分钟级），因此在借鉴 CARAS-3D 系统的基础上，还需要通过应用更高精度的地形数据、更细致的数据处理，以及更精细的计算过程来对多种地面观测数据、数值模式产品等气象多源异构数据进行变分融合，从而使 CARAS3D-XA 产品精度符合对中小尺度强对流系统预报和分析诊断的实际需求。

3.3.1　系统分析精度

由于百米级系统对位置信息精度敏感，前期试验通过提高系统输入观测值精度和整体计算精度，大部分气象要素的站点检验精度均显著提升（表 3-2）。因此，我们搭建的高精度分析系统也需要提高观测数据和系统内精度，以整体提升系统分析结果的精度。具体处理方法如下：

（1）观测站点等不同种类观测数据的经纬度数值在小数点后的有效位数提升为 5 位，使点的位置精度达米级，以符合百米系统的精度要求；

（2）中间数据文件中的重点要素（需要做单位转换的要素）精度需做相应提升。

表 3-2 观测数据精度提升前后各要素的站点均方根误差

数据精度提升	气温	雾点	地表温度	相对湿度	气压	海平面气压	降水	平均风速	平均风向	极大风速	极大风向	能风度
前	0.0701	0.1228	3.7309	4.7101	2.1027	0.2683	0.0220	0.1925	9.1483	0.1061	4.5842	1.0333
后	0.0510	0.0637	1.4743	0.9642	8.7114	0.3862	0.0588	0.2842	9.4068	0.0784	4.1589	0.6959

3.3.2 高精度 DEM 数据应用

前期通过比较应用了不同精度 DEM 数据的测试系统两个月的站点检验结果，可看出应用了更高精度 DEM 数据的测试系统的实时产品精度更高，这说明该系统更能反映要素的局地空间变化特征，同时也说明高精度 DEM 数据的重要性。因此在本研究中，为提高产品的精细化程度，使用 30 m 精度的 DEM 数据搭建百米精度的 CARAS3D-XA 系统。

3.4 海量数据处理

由于三维数据同化融合系统需要同时处理多源异构数据，不同的数据类型，其需要处理的数据量大小也不同。其中，数据量最大的属雷达数据。单时次单部雷达的体扫数据包含上千个有效观测点值，在一个分析周期内（60 min，雷达共 6 个观测时次），如要快速处理和分析 10 部以上雷达数据，就意味着要快速计算和分析数十万甚至上百万的有效点值。此外，高精度分析系统在每一个三维网络点上待分析计算的要素值以亿计，而且时空精度越高，待分析计算的值越多（图 3-2），这对系统计算、存储和处理能力都提出了非常高的要求。

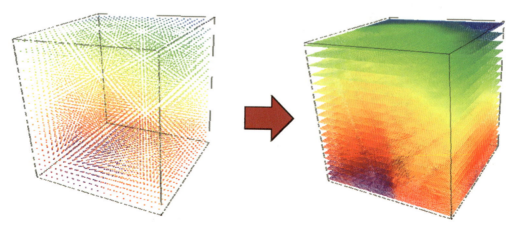

图 3-2 不同空间分辨率的网格待分析数据量级对比示意图

3.4.1 海量数据处理技术

为了提升模式的适用性，解决三维变化同化模式可支持的最大区域网格仅为 800×800×41 的问题（针对系统主流 128 G 内存的情况），我们对模式整体框架加入超大矩阵算法处理。该算法包括系统代码级超大矩阵的特殊处理，以及编译平台和系统内核对超大矩阵兼容性问题的一系列解决方案。

考虑现实机器内存限制的情况，内存 128 G 的服务器可以运算 41 层 1900×1900 网络的区域，若内存为 500 G，则可以运算 41 层 3800×3800 大小的区域（图 3-3）。可以看出，超大矩阵算法可显著提升系统对更大区域和更精细网格的运算支持能力，从而可显著提高产品的精细化程度。

改进前
- 最大区域网络：800×800×41

改进后
- 无内存限制：3100 万×3100 万×41
- 内存 128 G：1900×1900×41
- 内存 500 G：3800×3800×41

图 3-3　加入超大矩阵算法处理前后计算能力对比

3.4.2 多模块并行

处理海量数据，不仅需要超大矩阵的存储和处理能力，同时还需要对无前后因果关系的模块及计算单元进行优化排列组合，用矩阵内/外多线程并行计算/处理的方法实现系统运行效率的显著提升（图 3-4）。

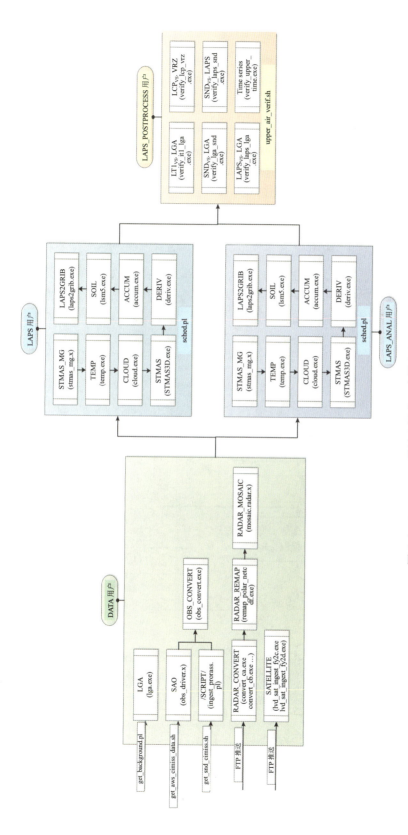

图 3-4 CARAS-3D 系统多用户、多模块的并行计算设计

3.5 数据快速同化

3.5.1 核心算法

要实现海量多源数据的快速同化和融合分析，绕不开 CARAS-3D 系统中三维变分同化模块的核心算法——最优化算法的升级和改进。

CARAS-3D 系统核心算法——最优化算法的主要功能为：将三维大气场变量的观测值和分析值之间的差异降至最低，使变量分析场接近观测。此过程称为观测场和分析场差值的最优化算法求解过程。我们将变量观测值和分析值初猜场的差值作为变分融合模块的输入量；通过构建一系列网格数呈倍数关系的多重网格，在各重网格上分别做迭代步数有限的最优化算法求解，最终获得与三维大气变量场最接近的精细网格分析场。由于使用了多重网格算法，最优化求解过程效率大大提高，分析结果网格精度也呈倍数提升。多重网络法求解最优值流程如图 3-5 所示。

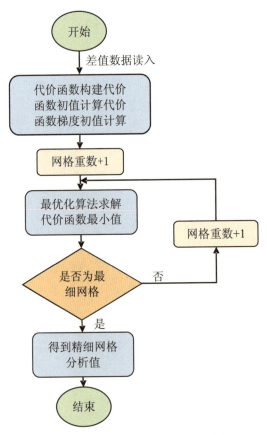

图 3-5 多重网格迭代求解最优值流程

通过前期大量实验和测试，我们发现运用最速下降法（SDM）替代常用的拟牛顿法（L-BFGS）作为最优化求解算法，可使算法逻辑更简单清晰，更易于实现软件并行化运行。基于该算法，可在保证精确性的前提下，显著提高气象实况融合产品的时效性。

3.5.2 核心算法并行化

针对 CARAS-3D 系统的计算核心算法——最优化算法，用不同迭代步数的最速下降法代拟牛顿法，使之更节省内存，更易于并行化处理；同时评估最速下降法替代拟牛顿法的可行性，在此基础上开展系统并行化算法研究，采用数据矩阵加和矩阵乘的多线程并行计算技术，对 CARAS-3D 系统中最耗时的几个热点模块进行计算模块改进，从而使运行效率提升 20%～30%，有效提升了数据产品的时效性。表 3-3 所列为热点模块并行化处理前后运行效率对比。

表 3-3　热点模块并行化处理前后运行效率对比

模块名称	并行前用时	并行后用时	时间比	效率
STMAS-3D	28 min 26 s	12 min 42 s	44.7%	提升 1.3 倍
DERIV	8 min 52 s	4 min 09 s	46.8%	提升 1.2 倍

3.6　高分辨率五维气象要素产品

3.6.1　产品特征

精细化三维大气实况专业服务产品共分三类，一类是基本地面要素产品（详见表 3-4 所列的第 1～8 要素），第二类是三维大气要素（温、湿、风等）（详见表 3-4 所列的第 9～14 要素），第三类是衍生指数产品（详见表 3-4 所列的第 15～20 要素）。

表 3-4　CARAS-3D 产品要素列表

序号	中文名称	英文名称	单位	层数	缩写
1	地表气温	surface temperature	K	1	TMP
2	地表露点温度	surface dew point temperature	K	1	DPT
3	相对湿度	relative humidity	%	1	RH
4	地面风 U 分量	u-component of surface wind	m/s	1	UGRD
5	地面风 V 分量	v-component of surface wind	m/s	1	VGRD
6	地表气压	surface pressure	Pa	1	PRES
7	平均海平面气压	Mean Sea Level pressure	Pa	1	PRMSL

（续表）

序号	中文名称	英文名称	单位	层数	缩写
8	1 小时累计降水量	LAPS 60 minute precip. accum.	mm	1	APCP
9	（三维）温度	temperature	K	41	TMP
10	（三维）高度	height	m	41	HGT
11	（三维）风 U 分量	u-component of wind	m/s	41	UGRD
12	（三维）风 V 分量	v-component of wind	m/s	41	VGRD
13	（三维）大气垂直速度	wind omega	Pa/s	41	VVEL
14	（三维）相对湿度	relative humidity from liquid	%	41	RH
15	抬升指数	lifted index	K	1	PLI
16	K 指数	K index	K	1	KX
17	总指数	total totals index	K	1	TOTALX
18	肖沃特指数	showalter index	K	1	SX
19	气块（抬升）有效能	positive buoyant energy	J/kg	1	CAPE
20	气块（抬升）抑制能	negative buoyant energy	J/kg	1	CIN

其中，为满足西安机场本场的服务需求，我们计划搭建水平分辨率为 200 m 的三维实况分析系统。该系统以西安机场为中心，分析区域为机场附近方圆 60 km，垂直层数为 41 层（1050 hPa，1025 hPa，…，75 hPa，50 hPa，以 25 hPa 为间隔），产品制作频次为逐 30 min。

同时，为进一步满足机场飞行区周边服务需求，我们计划搭建另一个区域更大的分析系统。该系统同样以西安机场为中心，分析区域为飞行区周边方圆 500 km，垂直层数同样为 41 层，产品制作频次为逐小时。

由此构建空间三维+时间维+多要素的百米、分钟级高时空分辨率的五维气象要素产品，并最终制作形成气象大数据仓库。

3.6.2 产品在强对流过程分析诊断中的应用

2021 年 6 月 2 日 17 时西安市发生强对流天气，强降雨持续到 20 点以后逐渐变小。监测显示，受冷涡后部偏北气流影响，6 月 2 日下午开始，陕西省关中、陕南等地均出现阵雨天气。针对此次强降雨过程，应用 CARAS-3D 系统的三维大气实时格点分析产品进行高、低空环流形式分析和诊断，可对这一过程的成因及可预测性进行初步分析。图 3-6 所示为 2021 年 6 月 2 日 17 时西安机场周边地区的气温、位势高度和风场。

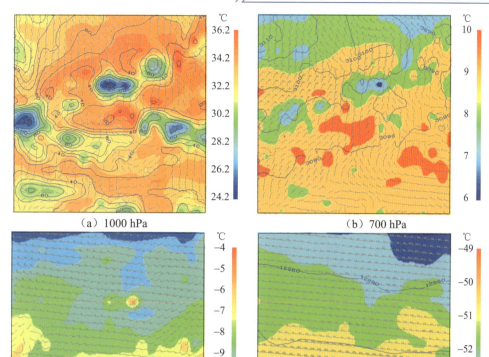

（a）1000 hPa   （b）700 hPa

（c）500 hPa   （d）200 hPa

图 3-6 2021 年 6 月 2 日 17 时西安机场周边地区气温、位势高度和风场

（填色区域为气温，蓝色等值线为位势高度，灰色风杆为风场）

从图 3-6 所示的高、中、低层气压场、温度场和风场可看到，2021 年 6 月 21 日 17 时，在西安机场附近区域被低涡控制，这个低涡延伸到 700 hPa 左右。从 700 hPa 水汽输送上看（图 3-7），偏北气流将小股水汽输送至陕西中部降水区，造成了此次的短时降水过程。

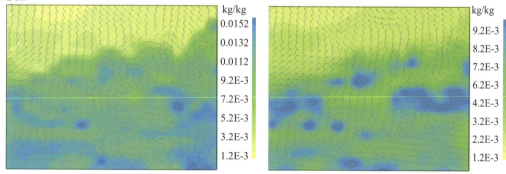

（a）1000 hPa   （b）700 hPa

图 3-7 2021 年 6 月 2 日 17 时西安机场周边地区比湿、位势高度和风场

（填色区域为比湿，灰色风杆为风场）

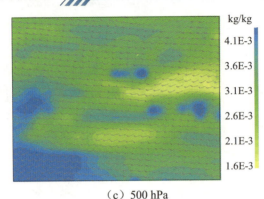

（c）500 hPa

图 3-7　2021 年 6 月 2 日 17 时西安机场周边地区比湿、位势高度和风场（续）

（填色区域为比湿，灰色风杆为风场）

而通过分析 CARAS3D-XA 的衍生强对流产品，可看到此次强对流系统的发展征兆。

K 指数是诊断强对流天气常用的指标。当 K＜20 时，无雷雨；当 20＜K＜25，会出现孤立雷雨；25＜K＜30，出现零星雷雨；30＜K＜35，会出现成片雷雨。通过分析 6 月 2 日 17 时的 K 指数可知（图 3-8），西安机场附近的陕西中部地区，K 指数出现接近 40 的成片区域，说明该区域将会出现成片雷雨天气。

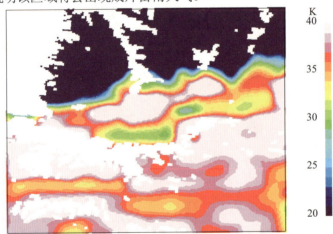

图 3-8　2021 年 6 月 2 日 17 时西安机场周边地区的 K 指数

沙氏指数（showalter index，SI）是另一个常用的强对流指数。当 SI＞3 时，说明发生雷暴的可能性很小或没有；当 0＜SI＜3 时，有发生阵雨的可能性；当–3＜SI＜0 时，有发生雷暴的可能性；当–6＜SI＜–3 时，有发生强雷暴的可能性；当 SI＜–6 时，则有发生严重强对流天气（如龙卷风）的危险。从图 3-9 所示可看出，西安机场附近区域出现了低于–2 的低值区，最低值甚至达–4，说明该区域有出现雷暴、个别地区甚至出现强雷暴的可能性。

另一个常用的强对流指数为总指数（TT）。当 TT＜44 时，发生对流的可能性很小或没有；当 44＜TT＜50 时，有发生雷暴的可能性；当 51＜TT＜52 时，可能出现孤立的雷暴；当 53＜TT＜56 时，可能出现成片的雷暴；当 TT＞56 时，有出现分散强雷暴的可能。从图 3-10 所示可看到，西安机场附近出现了 TT 值为 50～51 的区域，说明该区域未来有可能出现孤立雷暴。

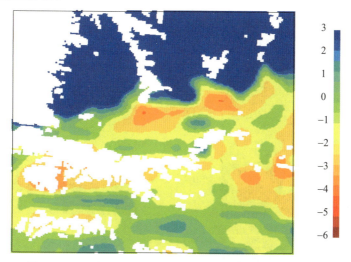

图 3-9　2021 年 6 月 2 日 17 时西安机场周边地区的 SI 指数

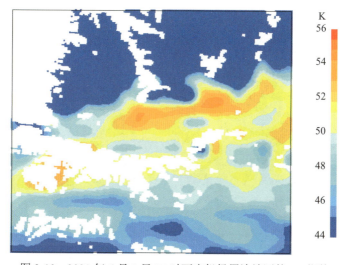

图 3-10　2021 年 6 月 2 日 17 时西安机场周边地区的 TT 指数

2021 年 6 月 16 日 09：00～09：30，西安机场受短时大雨、闪电和风切变天气影响，终端管制区 4 架航空器复飞，7 架航空器备降，35 架进场航空器盘旋等待，多架离港航空器延误，严重影响了西安终端区通行能力，对西安机场航班正常运行造成巨大威胁。

在这次短时雷雨过程中，从实时强对流监控系统上看，并未捕捉到中小尺度强对流的有效信息；对机场附近近地面常规气象要素场进行分析，可看到空气中水汽含量高（图 3-11），相对湿度接近 100%，地面风力为三到四级风，微风级别（图 3-12），地面台站监测到的 1 h 累计雨量并未超过 0.5 mm（图 3-13），为小雨量级。所以气象局强对流监测系统和近地面常规气象要素分析值均未能反映 09：00～10：00 时的强对流天气。

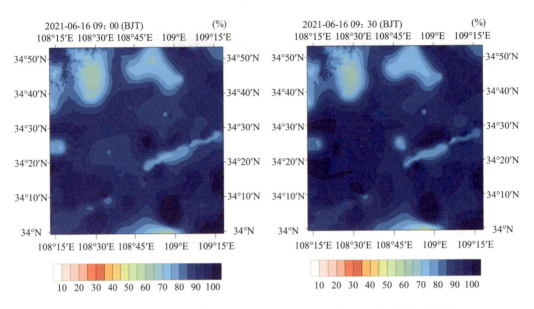

图 3-11 2021 年 6 月 16 日 09 时和 09 时 30 分西安机场周边地区相对湿度

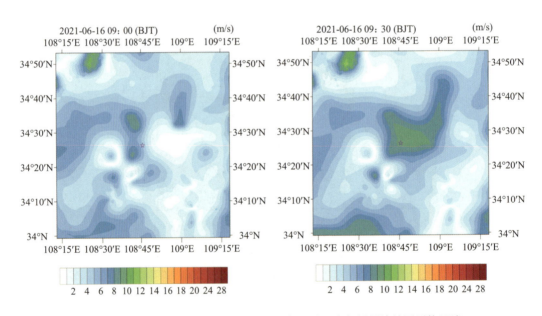

图 3-12 2021 年 6 月 16 日 09 时和 09 时 30 分西安机场周边地区平均风速

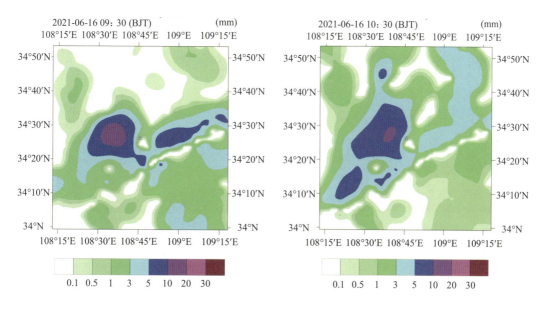

图 3-13　2021 年 6 月 16 日 09 时至 10 时西安机场周边地区过去 1 h 累计降水量

从上述分析可知，K 指数是诊断强对流天气常用的指标，当 K＞30 会出现成片雷雨。而 16 日 05 时至 09 时西安机场附近的 K 值均大于 30，05 时至 06 时甚至高于 35，K 指数在雷雨发生前 4 小时一直处于高值（图 3-14）。

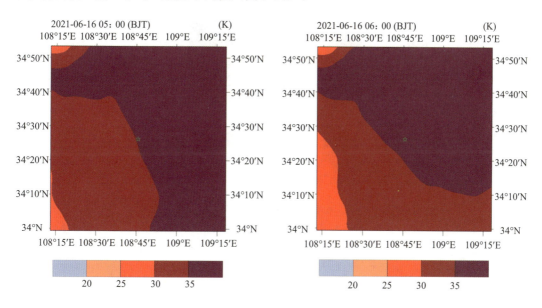

图 3-14　2021 年 6 月 16 日 05 时至 09 时西安机场周边地区的 K 指数

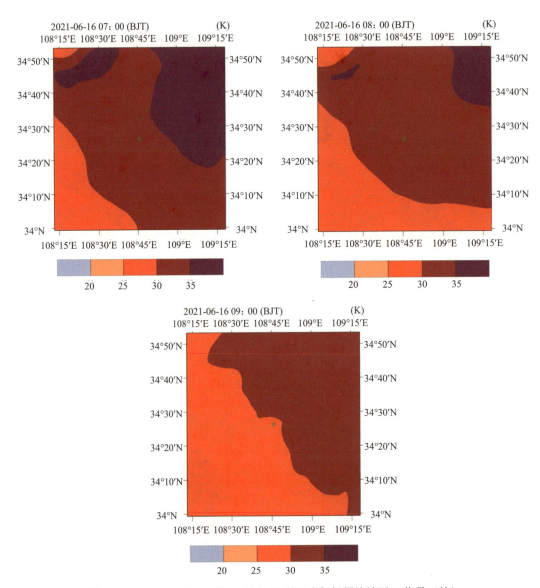

图 3-14　2021 年 6 月 16 日 05 时至 09 时西安机场周边地区 K 指数（续）

　　风暴相对螺旋度 SRH 是一个用来衡量风暴入流强弱以及沿入流方向的水平涡度分量的参数。它的值越大，说明在该环境中的垂直风切变越大，会产生水平方向上的涡管。只要沿着这一涡度方向的相对风速达到一定程度，就有利于强对流大气的发生发展，若气流入流已生成的风暴内部便会倾斜上升，产生围绕垂直轴线的气旋式旋转运动，将会更有利于风暴的加强，引起强烈的上升运动，为暴雨的产生创造有利条件。当 SRH＞120 m^2/s^2 时，发生强对流的可能性极大。对 16 日 06：30～08：30 分西安机场附近的 SRH 值分析可知，SRH 值在这个时段内大于 150，一直处于较高值（图 3-15），即在本次雷雨发生前 2.5～0.5 h，SRH 值有良好的指示作用。

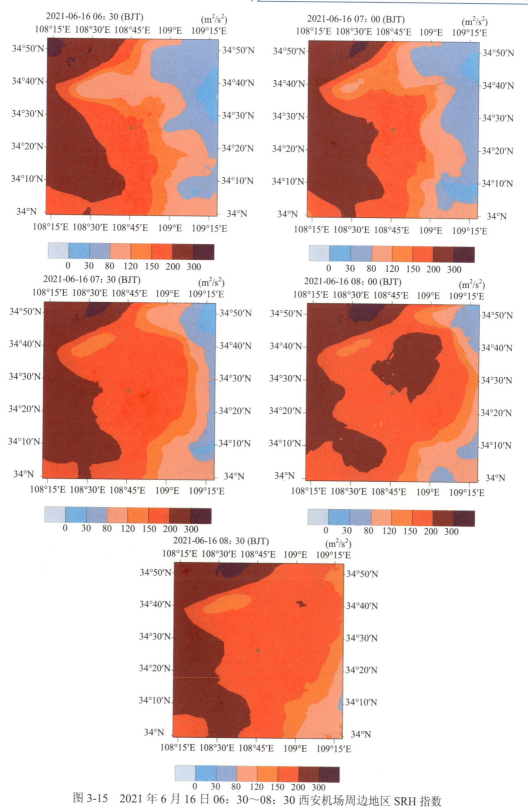

图 3-15 2021 年 6 月 16 日 06：30～08：30 西安机场周边地区 SRH 指数

从上述分析看出，CARAS-3D 高空三维实况格点产品能较准确地捕捉三维大气温、压、湿、风等常规气象要素的各种尺度信息，同时生成的多种衍生量可进一步描述三维大气的水汽、动力、热力等方面特征，这说明该产品适用于天气诊断分析。高空格点产品推导的强对流指数等对强对流天气有较好的指示作用，可作为重要的强对流天气识别的参考依据，同时也进一步验证了高空实况格点数据质量的可靠性。从强对流指数的指示性来看，K 指数、SI 指数、TT 总指数、SRH 指数等有提前指示的作用。

3.7　实时分析系统

3.7.1　局地气象大数据三维同化技术实现

我们先研究了基于高精度地形的多重网格三维变分法，研发了天基、空基、地基气象探测资料的数据同化技术，搭建了百米尺度的三维大气实况反演模式测试系统（CARAS），并攻克海量数据快速同化难题，实现气象多源时空不连续数据高分辨率快速融合，目前可实现高分辨率五维气象要素产品分钟级的输出。

随后我们开始搭建西安机场三维大气反演模型。模型包括两个分系统[图 3-16（a）]，其中之一为 1 km×1 km 分辨率三维大气反演模型，以西安机场为中心点，水平分辨率为 1 km，垂直层数为 41 层（1000～100 hPa），分析频次为逐 30 min，区域范围 500 km×500 km，即区域覆盖机场周边半径 250 km 的陕西中南部地区范围。该模型产品可给其他子课题雷暴等特殊气象实时精准预报模型提供实时大气初值场和背景场。

另一个分系统为 200 m×200 m 分辨率三维大气反演模型[图 3-16（b）]，其同样以西安机场为中心点，水平分辨率为 200 m，垂直层数也为 41 层（1000～100 hPa），分析频次为逐 10 min，区域范围为 60 km×60 km，即区域覆盖机场周边半径 30 km 范围。该模式产品可用于区域强对流天气过程诊断分析。

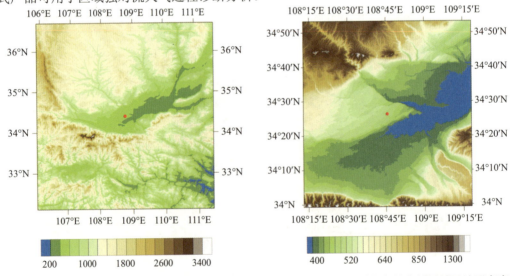

（a）1 km×1 km 系统产品分析区域及地形高度　　（b）200 m×200 m 系统产品分析区域及地形高度

图 3-16　西安机场三维大气反演模型两个分系统分析范围及地形环境（红点：西安机场位置）

由于 200 m×200 m 分辨率三维大气反演模型时空分辨率高，可捕捉到粗分辨率模型难以捕捉的中尺度强天气。如 3.6 节提到的 2021 年 6 月 16 日上午西安机场遭受雷雨袭击的例子，如图 3-17 所示，在 200 m 系统对三维大气温度、风场和湿度场的分析中可看到，09时前后，一股冷空气从机场西北方向侵入机场上空，在机场上空的大气低层 800 hPa 附近出现强上升气流，机场近地面湿度较高，最终形成了此次风切变系统带来的短时大雨和闪电天气。由此可见，百米系统在局地中小尺度强对流系统捕捉和分析诊断中的特殊作用。

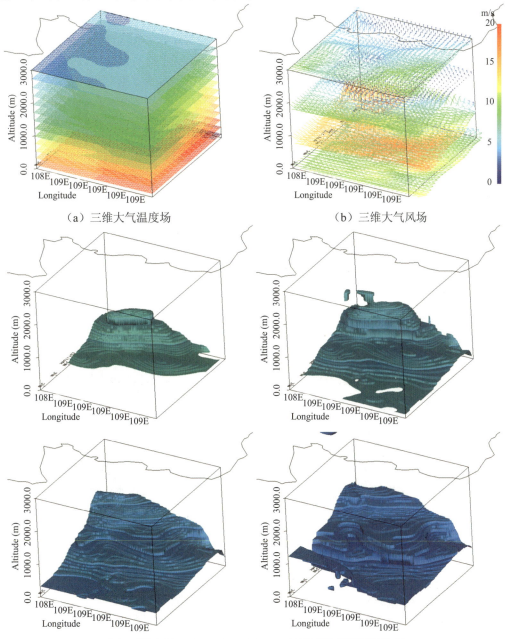

（a）三维大气温度场   （b）三维大气风场

（c）三维大气 80%、85%、90%、95%相对湿度等湿层分布

图 3-17　2021 年 6 月 16 日 9 时西安机场周边大气温度、风场和湿度场三维结构

3.7.2 雷达数据对高分辨率融合系统的贡献

多普勒天气雷达主要用于中、小尺度天气系统（如台风和暴雨云系）的探测、预警及预报。雷达数据由于时效性强、分辨率高，对局地中小尺度系统的捕捉起到重要作用。

为反映雷达数据在百米尺度实况分析系统的作用，我们运用 200 m 三维同化系统，将 GRAPES 3 km 预报模式、地面站点观测及探空数据作为数据源进行三源融合，得到模式控制实验数据。此外，将雷达数据作为第四数据源参与数据融合，与上述三种数据源一起得到模式比较实验数据。

我们应用 1 km×1 km 分辨率三维大气反演模式对 3.6 节提到的西安咸阳机场雷雨天气个例进行反演和诊断分析。通过对西安机场低空风控制实验数据和比较实验数据对比（图 3-18）可看出，在陕西中南部地区，从近地面到高空，雷达数据对每一层风场都有改进作用：在高空 200 hPa，风场在陕西中南部区域的风速增大 2 m/s 左右；在大气中层 500 hPa，机场周边地区的风速显著减小 1 m/s 以上；而在大气中下层，机场附近地区风速普遍增大 2 m/s。分析结果说明出机场近地区大气高层和低层活跃系统被雷达探测到并反映到风场反演中，这非常有利于对对流系统的追踪和监测。

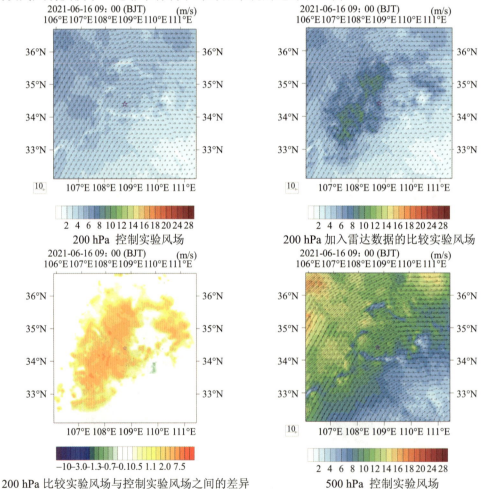

图 3-18　2021 年 6 月 16 日 9 时陕西中南部地区风场

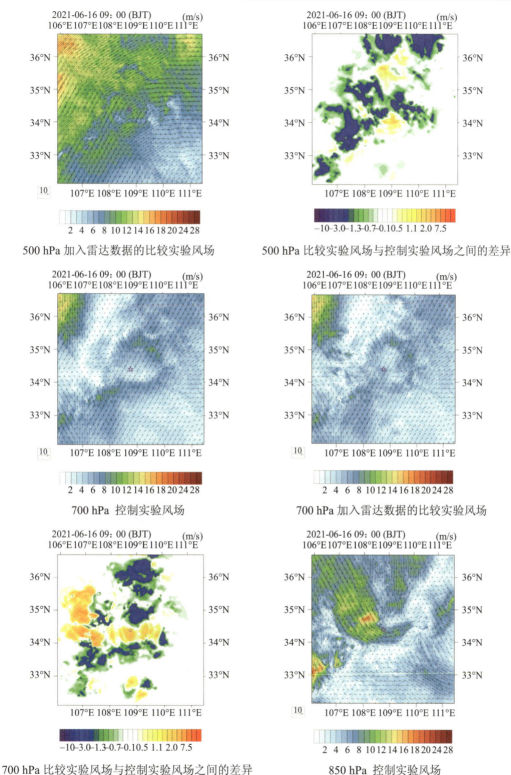

图 3-18 2021 年 6 月 16 日 9 时陕西中南部地区风场（续）

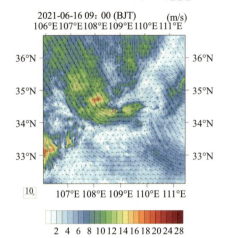

850 hPa 加入雷达数据的比较实验风场

850 hPa 比较实验风场与控制实验风场之间的差异

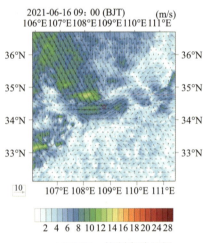

1000 hPa 控制实验风场

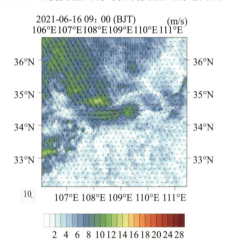

1000 hPa 加入雷达数据的比较实验风场

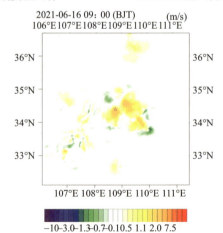

1000 hPa 比较实验风场与控制实验风场之间的差异

图 3-18　2021 年 6 月 16 日 9 时陕西中南部地区风场（续）

我们进一步应用 200 m×200 m 分辨率三维大气反演模式进行个例反演和诊断分析。通过对西安机场低空风控制实验数据和比较实验数据对比（图 3-19）可看出，低空 700 hPa 至近地面风场都受到雷达数据的显著影响，尤其是 850 hPa 和 925 hPa 近地层；在雷达数据参与融合的情况下，低空风场的分辨率和强度都有明显提升，雷达控测数据在机场东南侧形成 0.5～2 m/s 的风速增量，致使机场附近近地面的 10 m/s 的大风被捕捉到，这对准确反映此次局地中尺度系统起到关键作用。

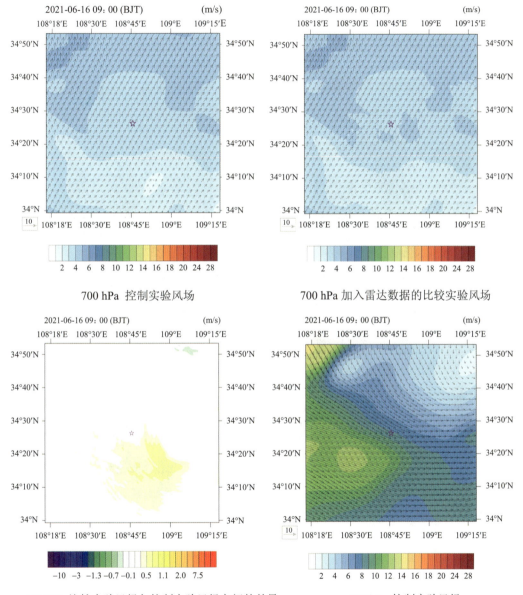

700 hPa 控制实验风场　　　　700 hPa 加入雷达数据的比较实验风场

700 hPa 比较实验风场与控制实验风场之间的差异　　　850 hPa 控制实验风场

图 3-19　2021 年 6 月 16 日 9 时西安机场附近地区低空风场

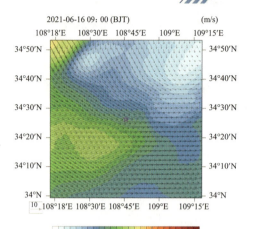

850 hPa 加入雷达数据的比较实验风场

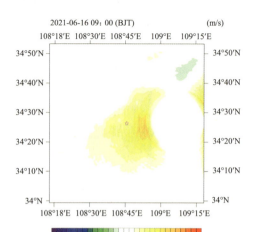

850 hPa 比较实验风场与控制实验风场之间的差异

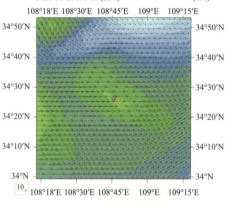

925 hPa 控制实验风场

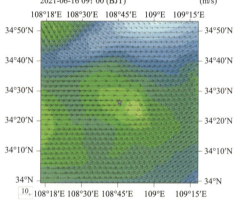

925 hPa 加入雷达数据的比较实验风场

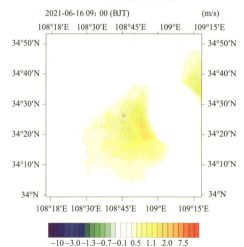

925 hPa 比较实验风场与控制实验风场之间的差异

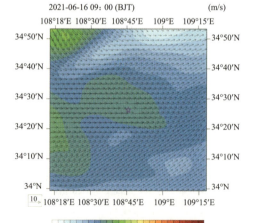

1000 hPa 控制实验风场

图 3-19　2021 年 6 月 16 日 9 时西安机场附近地区低空风场（续）

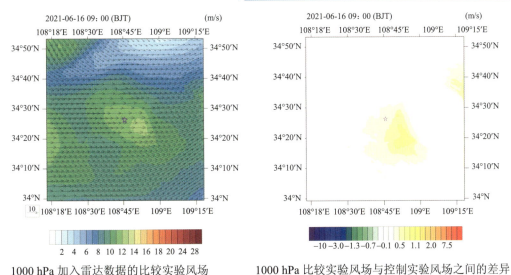

1000 hPa 加入雷达数据的比较实验风场　　1000 hPa 比较实验风场与控制实验风场之间的差异

图 3-19　2021 年 6 月 16 日 9 时西安机场附近地区低空风场（续）

通过对比其他要素的控制实验和比较实验结果可知，雷达主要对系统风场进行调整，而对温度、湿度等要素场的改进作用不明显。

3.7.3　气象大数据仓库建设

通过研究区域范围、层次、分析要素、分析时段的确定以及系统本地化处理，并与其他课题组沟通，我们完成了历史灾害个例收集工作，包括暴雨洪涝、冰雹、沙尘暴、雪灾、大雾、大风等 6 类威胁航空器飞行安全的天气灾害（表 3-5），为开展灾害个例数据回算分析奠定数据基础。在实时分析系统的基础上，通过收集整理和应用天基、空基、地基等气象探测历史资料开展灾害个例回算。

表 3-5　近几年西安机场周边地区灾害个例表

序号	灾害类型	过程开始时间	过程结束时间	回算程持续天数
1	大雪、大雾	2019-01-09 00：00	2019-01-12 00：00	3
2	中雪	2019-02-08 00：00	2019-02-11 00：00	3
3	沙尘天气	2019-05-11 00：00	2019-05-14 00：00	3
4	短时强降水	2019-07-21 00：00	2019-07-30 00：00	9
5	短时强降水	2019-08-04 00：00	2019-08-10 00：00	6
6	大雾	2020-01-16 00：00	2020-01-18 00：00	2
7	大风	2020-05-10 00：00	2020-05-12 00：00	2
8	强对流	2020-05-14 00：00	2020-05-16 00：00	2
9	短时强降水	2020-06-12 00：00	2020-06-14 00：00	2
10	强降水	2020-06-14 00：00	2020-06-18 00：00	4
11	短时强降水	2020-08-04 00：00	2020-08-06 00：00	2

（续表）

序号	灾害类型	过程开始时间	过程结束时间	过程持续天数
12	持续性降水	2020-08-13 00：00	2020-08-20 00：00	7
13	持续性降水	2021-05-01 00：00	2021-05-05 00：00	4
14	大范围降水	2021-05-13 00：00	2021-05-16 00：00	3
15	短时强降水	2021-06-01 00：00	2021-06-03 00：00	2
16	强对流	2021-06-15 00：00	2021-06-17 00：00	2
17	大范围降水	2021-06-30 00：00	2021-07-03 00：00	3
18	强对流	2021-07-11 00：00	2021-07-13 00：00	2
19	大范围降水	2021-07-16 00：00	2021-07-21 00：00	5
20	短时强降水	2021-08-02 00：00	2021-08-06 00：00	4
21	区域性暴雨	2021-08-20 00：00	2021-08-23 00：00	3
22	浓雾	2021-09-17 00：00	2021-09-19 00：00	2
23	强降水	2021-09-21 00：00	2021-09-29 00：00	8
24	降雪	2021-11-05 00：00	2021-11-08 00：00	3
25	降雪	2021-11-19 00：00	2021-11-21 00：00	2
26	降雪	2021-12-10 00：00	2021-12-12 00：00	2
27	降雪	2021-12-24 00：00	2021-12-27 00：00	3
28	降雪	2022-01-19 00：00	2022-01-24 00：00	5
29	降雪	2022-01-25 00：00	2022-01-29 00：00	4
30	降雪	2022-02-04 00：00	2022-02-08 00：00	4

3.8 小　结

针对机场局地气象条件复杂、本场观测数据有限等问题，我们研发了天基、空基、地基气象探测资料的数据同化技术，可实现多源数据的快速同化；同时构建了机场周边百米尺度的三维大气实况反演模式，并攻克了海量数据快速同化的难题，最终实现了高分辨率五维气象要素产品分钟级输出。高分辨率五维气象要素产品由于时效性强、分辨率高，对机场周边局地中小尺度系统的捕捉和反演起到重要作用。

其中，多普勒天气雷达数据由于其时效性强、分辨率高的特性，能在局地中小尺度系统的捕捉和分析诊断中起到重要作用。通过机场周边雷达数据接入比较实验可知，低空至近地面风场变化特征都能被雷达很好地捕捉，尤其是 850 hPa～925 hPa 近地层；在雷达数据参与融合的情况下，低空风场的分辨率和强度都有明显提升，这对准确反映局地中尺度系统风压场的变化起到关键作用。

参 考 文 献

[1] ALBERS S C, MCGINLEY J A, BIRKENHEUER D L, et al. The local analysis and prediction system (LAPS): analyses of clouds, precipitation, and temperature[J]. Weather and Forecasting, 1996, 11(3): 273-287.

[2] JIANG H, ALBERS S, XIE Y, et al. Real-time applications of the variational version of the Local Analysis and Prediction System (vLAPS) [J]. Bull Amer Meteor Soc, 2015, 96(12): 2045-2057.

[3] XIE Y, KOCH S, MCGINLEY J, et al. A space-time multiscale analysis system: a sequential variational analysis approach [J]. Mon Wea Rev, 2011, 139(4): 1224-1240.

[4] CLARK A J, WEISS S J, KAIN J S, et al. An overview of the 2010 hazardous weather testbed experimental forecast program spring experiment [J]. Bull Amer Meteor Soc, 2012, 93: 55-74.

[5] HA J C, LEE Y H, LEE J S, et al. Development of short range analysis and prediction system [C]. Proc. Ninth WRF Users' Workshop, Boulder, CO, NCAR, 2008.

[6] SNOOK J S, STAMUS P A, Edwards J, et al. Local-domain mesoscale analysis and forecast model support for the 1996 centennial Olympic Games [J]. Wea Forecasting, 1998, 13(1): 138-150.

[7] LEE J S, AHN K D, K LEE, et al. KLAPS reanalysis: Current state and future plan [C]. The 6th International workshop on ICE-POP 2018, Bukgu, Daegu, The republic of Korea, Korean Meteorological Society, 2020.

[8] HIEMSTRA C A, LISTON G E, PIELKE R A, et al. Comparing local analysis and prediction system (LAPS) assimilations with independent observations [J]. Wea Forecasting, 2006, 21(6): 1024-1040.

[9] ALBERS S C, XIE Y, RABEN V, et al. The local analysis and prediction system (LAPS) cloud analysis: validation with all-sky imagery and development of a variational cloud assimilation[C]. AGU Fall Meeting Abstracts, San Francisco, California, USA December 09-13, 2013.

[10] ALBERONI P P, COSTA S, SELVINI A, et al. Implementation and test of a mesoscale data assimilation system for Northern Italy [C]. MAP meeting, Chamonix, France, October 7-10, 1998.

[11] BOUTTIER F, COURTIER P. Data assimilation concepts and methods March 1999 [C]. Meteorological training course lecture series. ECMWF, 2002.

[12] CONTE D, MIGLIETTA M M, MOSCATELLO A, et al. A GIS approach to ingest meteosat second generation data into the local analysis and prediction system[J]. Environmental Modelling and Software, 2010, 25(10): 1064-1074.

[13] LI P W, LAI E S T. Applications of radar-based nowcasting techniques for mesoscale weather forecasting in Hong Kong[J]. Meteor Appl, 2004, 11(3): 253-264.

[14] 简国基，邓仁星. 中央气象局 LAPS/MM5 系统在短时（0～12 小时）定量降水预报之应用——梵高（Vamco，2003）台风个例研究[J]. 大气科学，2005，33（1）：77-101.

[15] 范蕙君. 应用 LAPS 系统分析风、温度、云和降水[J]. 气象科技，1997（4）：44-48.

[16] 李红莉，张兵，陈波. 局地分析和预报系统（LAPS）及其应用[J]. 气象科技，2008，36（1）：20-24.

[17] 李红莉，崔春光，王志斌，等. 中尺度分析系统 LAPS 应用雷达资料的个例研究[J]. 高原气象，2009，28（6）：1443-1452.

[18] 刘寿东，唐玉琪，邵玲玲，等. LAPS 分析场在一次强对流天气过程尺度分析中的应用[J]. 大气科学学报，2012，35（4）：391-403.

[19] 唐玉琪. 基于 LAPS 的上海市中尺度天气分析和同化技术研究[D]. 南京：南京信息工程大学，2012.

[20] 王晓芳，胡伯威，李红莉，等. 梅雨期一个伴有前导层状降水对流线的结构特征[J]. 高原气象，2011，30（4）：1052-1066.

[21] 屈右铭，陆维松，蔡荣辉，等. GRAPES-Meso 云分析系统的设计与试验[J]. 气象，2010，36（10）：37-45.

[22] 李超，唐千红，陈宇，等. 多源数据融合系统 LAPS 的研究进展及其在实况数据服务中的应用[J]. 气象科技进展，2017，7（2）：32-38.

第4章 机场飞行区雷电监测、预报及预警技术

闪电是云与云之间、云与地之间或者云体内各部位之间的强烈放电现象，一般伴随雷暴活动发生。雷电灾害是影响最为广泛的气象灾害之一，不仅会造成人畜伤亡、森林火灾、电力和通信设备中断等重大灾害，还会严重干扰电子和微电子设备的正常工作（Rakov et al.，2003）。准确及时的预报预警可以有效地减少闪电对公众健康产生的危害和对社会经济造成的损失，具有重大的社会意义。但是雷暴的时空尺度较小、突发性和局地性强、生消演变过程复杂，致使闪电预报具有一定的难度。

闪电形成的机理决定了其诞生、发展与大气的物理状态和动力状态有着密切联系。在临近时间尺度上，雷暴区域的移动方向和速度有一定的时间延续性，闪电在最近一段时间内的实际发生情况也反映着其在较短未来的发展态势。因此，闪电临近预报及预警通常基于对过去时段中闪电监测、雷达和气象卫星，以及相关气象要素值等多种数据，用外推方式将发现的规律延伸推广至未来时段，从而进行闪电预报及预警。许多研究表明，闪电活动的频数与雷达反射率强度具有强相关性，故这类方法通常以雷达回波为操作对象（Feng Guili et al.，2007）。传统的雷达回波外推方法中，最为经典的是交叉相关法（Rinehart et al.，1978）和质心追踪法（Johnson et al.，1998）。近年来，人工智能中的聚类方法也被应用于雷电外推预报（侯荣涛等，2012）。雷暴对流云结构的强弱也可通过气象卫星观测的红外云顶数据的变化来体现（张春龙等，2011；郑永光等，2007）。但是，基于观测数据的外推预报简单地假设雷暴系统的强度和尺度的变化趋势会在短期内保持不变，缺乏对流系统生消演变的预报能力。因此在预报时效上具有较大的局限性，一般来说2 h是预报时效的上限。

在大于2 h的时间尺度上，对流系统已经发生了明显的变化，闪电预报具有更大的挑战性。目前的技术手段主要是依托高分辨率数值天气预报（high-resolution numerical weather prediction，HNWP）。

随着高时空分辨率的观测数据和高分辨率数值天气模式的迅猛发展，海量的气象数据不断地被保存与积累，具备大数据的属性。与此同时，随着电子计算机硬件性能的不断提升，机器学习作为最能结合大数据应用的方法技术，需要对大量的历史数据进行建模并训练，从而从历史数据中学习到规律。威斯康星大学大气科学助理教授Daehyun Kim说过："最佳的机器学习项目是应用到那些我们不完全理解的目标上，闪电就是其中之一。"机器学习在闪电预报中不断地超越传统预报方法的性能水准（Mostajabi et al.，2019），

尤其是神经网络的应用，能够有效地提取一段时间内观测数据的变化特征，极大地改进了临近和短时预报效果（Zhou et al.，2020；Geng et al.，2019；Wang et al.，2014）。

尽管基于深度学习的闪电预报具有较高的可行性，进行长时效的预报仍是一项颇具挑战性的任务。对于 6 小时以上的预报来说，历史观测数据一般只能在预报的前期推演闪电区域移动方向、移动速度、生消演变的信息，而闪电的长效预报还要依靠高分辨率数值模式。对 HNWP 数据的利用方式主要分为两类。一类是将与闪电生成有关的起、放电方案直接耦合进数值预报模式，使模式自身就能输出对闪电的预测，其中最常使用的就是面向用户开源的 WRF（weather research and forecasting）模式（Wang et al.，2010；Lynn et al.，2012；Fierro et al.，2013）。另一类是通过建立上升气流速度、对流有效位能、对流抑制能量、对流云顶高度、冰相粒子的质量混合比等气象参数和闪电频率或强度的关联性，得到将前者转化为计算后者的经验公式（Yair et al.，2010；Solomon et al.，1994；Baker et al.，1999；Mccaul Jr et al.，2009；Tippett et al.，2018）。

基于机器学习 LightGBM 模型，我们融合高分辨率数值预报输出的气象因子和地表类型数据和地表高度数据，开展了对西安机场未来三天的闪电落区和闪电概率预报。该模型与同类产品相比，预报效果较好，而且有着更长的预报时效和更广的预报区域，可以有效地应用到业务中。

4.1 陕西省和西安机场雷电气候特征分析

陕西省是中国中西部地区的一个省份，整体上，其气候呈现多样性的特点。陕西省地域较宽广，东部属于温带大陆性季风气候，中部属于黄土高原气候，西部属于青藏高原气候。它的年平均气温为 10～16 ℃，其中，西部地区气温较低，东部地区气温较高；年降水量在 300～900 mm，其中，西部地区降水较少，东部地区降水较多；夏季气温高，冬季气温低，昼夜温差较大；降水季节主要集中在夏季，由于季风影响，东部地区的降水主要集中在 6—9 月，西部地区的降水则主要集中在 5—9 月。西安机场位于西安市和咸阳市的交界处，属于温带季风性气候，四季分明，夏季炎热，冬季寒冷，年降水量约为 600 mm，降水主要集中在夏季。

从陕西省 2016—2022 年，7 年的平均地闪密度分布情况可以看出整体闪电分布情况呈南北多、中间低。西安机场所在位置闪电密度与全省均值和全国均值相比偏低，仅为 0.1～0.2 次每平方千米每年。经统计，西安机场附近 10 km 半径区域内 2016—2022 年累计发生地闪 244 次，且全部发生于 8 月。其中，负地闪 164 次，正地闪 80 次，负地闪平均电流–41 kA，正地闪平均电流 43 kA。与全国统计数据相比，地闪密度低，放电强度小，灾害性天气罕见。从地表特征上看，机场区域地势相对平坦，6 年内仅有 4 次雷击事件，且全部击中建筑物，没有闪电击中停机坪和飞机。

4.2 用于闪电预报的数据介绍

本研究主要用到两类数据，其一是 HNWP 数据。随着计算机运算能力的提高，数值天气预报模式逐渐成为国内外天气预报业务最核心的手段。欧洲中期天气预报中心（European Centre for Medium-Range Weather Forecasts，ECMWF，简称 EC）成立于 1975 年，而今已成为全球独树一帜的国际性天气预报研究和业务机构。大气模式确定性预报产品 C1D 是 EC 的高分辨率数值预报产品，包括分析场和预报场。我们在研究中用于模型训练的气象因子数据来自产品 C1D 的预报数据，空间分辨率为 0.25°×0.25°。每日起报两次，起报时间为 00：00 UTC 和 12：00 UTC，滚动更新预报未来 3 h，6 h，9 h，…，234 h，240 h 先逐 3 h 后逐 6 h 的预报数据，本研究使用前 72 h 逐 3 h 的数据。

此外，下垫面高度和地表类型分布也是影响雷暴发生发展、闪电击中位置的重要地理因子，所以本研究还使用了这两类地理信息数据，与气象因子一起参与训练。地表覆盖类型数据来自中国国家地理信息局利用 Landsat 卫星图像制作的 30 m 高分辨数据集，其中的 10 个类型包括水、湿地、人工地表、耕地、森林、灌木丛、草地、裸地、苔原和永久雪/冰。地表高度数据来自 NASA 的新一代对地观测卫星 Terra 的观测结果制作的数据集，垂直分辨率 20 m，水平分辨率 30 m。

将闪电实况数据作为模型训练时的"标记"数据，闪电实况数据来自中国气象局气象探测中心运行的 ADTD（advanced TOA and direction system）雷电监测定位系统。这是一套在全国范围内广泛分布，用于探测地闪的二维闪电定位系统，它主要由两部分组成：布设在不同位置的传感器和中央控制器。传感器是安装在地面上的设备，工作频段为甚低频/低频，可以探测到雷电的电磁信号，并将这些信号传输到中央控制器进行处理。中央控制器则利用多站联合到达时间差定位技术，根据传感器接收到的信号，计算出闪电的位置、强度和时间等关键信息。全国 ADTD 的平均探测效率为 80%，定位误差约为几百米。

4.3 用于模型训练

我们的研究选取的预报范围是以西安机场为中心方圆 200 km 的圆形区域，可以涵盖飞机的上升和下降区域，如图 4-1 所示。选取区域范围内 2016—2021 年共计 6 年的 EC 预报数据以及地表类型和地表高度数据作为机器学习的预报因子，相应地，将预报时刻的雷电数据作为标记。EC 预报数据提供了丰富的物理量，我们依照前人的经验，将预报基础数据排除奇异值后归纳转化为与闪电发生直接相关的 29 个高阶气象参数用于模型训练，并进行互信息值（表示和雷电发生的相关性）统计，按照互信息值的大小排序，如图 4-2 所示。

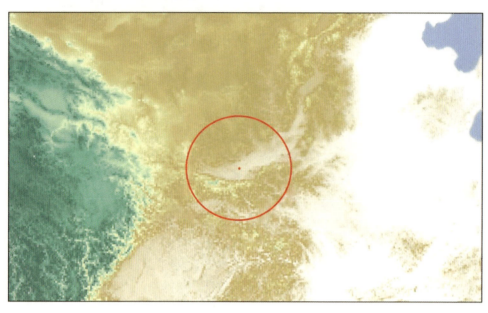

图 4-1　预报范围示意图（底图为地表高度）

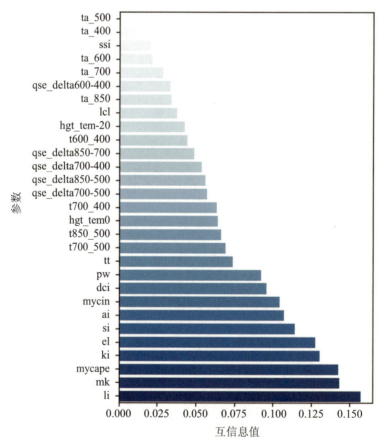

图 4-2　不同天气预报因子相对重要性排序（按照互信息值大小）

可以看出，li 抬升指数、mk 指数、mycape 对流抑制能量、ki 指数、ei 指数、si 沙氏指数等反映上升气流速度和对流不稳定能量的参数与闪电发生的相关性最强。我们还将地表类型和地表高度数据插值成与 EC 数据相同空间分辨率的格点数据，将 ADTD 数据网格化为空间分辨率和时间分辨率与 EC 数据相同的格点数据，并进行二分类处理，闪电发生标记为 1，不发生标记为 0。而后，将每一个预报时刻中每个空间格点对应的 29 个变量的值、地表高度值、地表类型对应的值和闪电数据构建为一个包含属性和标记的样本，6 年的训练数据能构成 6000 万个样本，数据充足。将数据按照 6∶2∶2 的比例分割为作为训练集、测试集和验证集。

本研究通过对比多种机器学习算法，最终选择 LightGBM 模型，其主要思想是利用弱分类器（决策树）迭代训练以得到最优效果。它支持高效率的并行训练，并且具有更快的训练速度、更低的内存消耗、更高的准确率以及支持分布式并可以快速处理海量数据等优点。

4.4　预报检验方法和结果分析

我们采用传统 *TS* 评分（有时也叫临界成功指数 *CSI*）、命中率 *POD*、虚警率 *FAR* 对预报结果进行检验，计算公式为

$$TS = \frac{NA}{NA + NB + NC}$$

$$POD = \frac{NA}{NA + NC}$$

$$FAR = \frac{NB}{NA + NB}$$

式中，*NA* 代表预报和实况都发生的站点数，*NB* 代表预报有实况没有的站点数，*NC* 代表预报没有实况有的站点数。*TS*、*POD*、*FAR* 的取值范围为（0，1），*TS*、*POD* 越接近 1 说明预报越准确，*FAR* 越接近 0 预报越准确。

4.5　小　　结

我们利用训练好的模型对 2022 年 7—9 月机场区域进行雷电落区预报。如图 4-3 所示，预报效果的日变化明显，呈波动式下降。雷暴活动频繁的午后预报效果最好，命中率 *POD* 很高，可达 0.85 以上；*TS* 评分也可达到 0.4 以上；虚警率比较低，不足 0.4。凌晨时段鲜有雷暴活动发生，命中率相对较低。预报时效越长，空报和漏报的情况增多。

由于预报模型是基于 25 km×25 km 分辨率的 EC 模式数据建立的，所以对于大范围发生的中尺度天气过程中的雷电预报效果理想，但是由于 EC 模式本身很难预报出局地的小尺度突发性雷暴，相应地我们也很难对零散发生的局地强天气过程中的闪电进行预报，所以出现了一些漏报的情况。由于获取最新的模式资料至少需要 6 h，导致模式的 0～9 h

预报资料无法实时地用于产品计算，需要使用上一时次更新的预报数据，9 h 之后使用最新时次的 EC 预报数据。因此，为了保证预报结果的准确性，模型中采用雷电实况数据和雷达反射率数据进行逐 5 min 实时校正，可以有效地提高预报准确率。

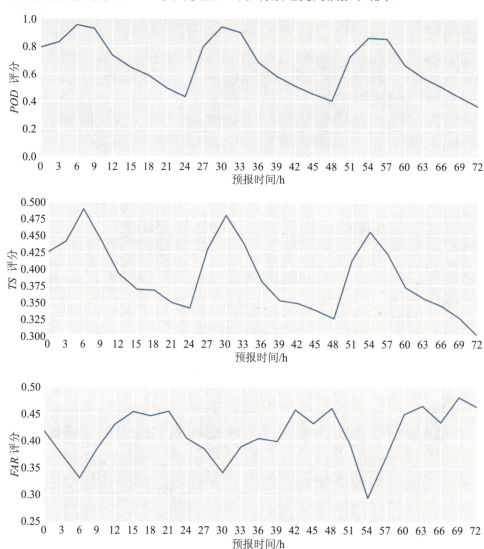

图 4-3　西安机场区域的预报 *TS*、*POD*、*FAR* 评分示意图

　　此外，我们还和全国区域的整体预报效果做了比较，发现西安机场的预报效果要略低于全国均值。这是因为该区域雷电活动过少，所以在训练过程中正样本数不足，对华南、华中等雷暴活动频繁的区域预报效果会更好。但是对西安机场附近的预报命中率能够达到预警效果的要求。

参 考 文 献

[1] BAKER M, BLYTH A, CHRISTIAN H, et al. Relationships between lightning activity and

various thundercloud parameters: Satellite and modelling studies[J]. Atmospheric Research, 1999, 51: 221-236.

[2] FENG GUI,LI Q X,TIE Y. Characteristic of lightning and precipitation structure of hailstorm[J]. Science in China (Series D), 2007, 37: 123-132.

[3] FIERRO A O,MANSELL E R., MACGORMAN D R., et al. The implementation of an explicit charging and discharge lightning scheme within the WRF-ARW model: Benchmark simulations of a continental squall line[J]. Monthly Weather Review, 2013, 141(7): 2390-2415.

[4] GENG Y A, LI Q,LIN T, et al. Light Net: A dual spatiotemporal encoder network model for lightning prediction, the 25th ACM SIGKDD International Conference, 2019.

[5] JOHNSON J T, MACKEEN P L,WITT A, et al. The storm cell identification and tracking algorithm: An enhanced WSR- 88D algorithm[J].Weather and Forecasting, 1998, 13(2): 263-276.

[6] LYNN B H,YAIR Y,PRICE C, et al. Predicting cloud-to-ground and intracloud lightning in weather forecast models[J].Weather and Forecasting, 2012, 27(6): 1470-1488.

[7] MCCAUL J R, GOODMAN E W, LACASSE S J, et al. Forecasting lightning threat using cloud-resolving model simulations[J]. Weather and Forecasting, 2009, 24: 709-729.

[8] MOSTAJABI A, FINNEY D L, RUBINSTEIN M, et al. Nowcasting lightning occurrence from commonly available meteorological parameters using machine learning techniques, Npj Climate and Atmospheric Science, 2019.

[9] RAKOV V A, UMAN M A. Lightning: physics and effects[J]. Physics Today,2004,57(12): 63-64.

[10] RINEHART R E,GARVEY E T. Three-dimensional storm motion detection by conventional weather radar[J].Nature, 1978,05: 287-289.

[11] SOLOMON, ROBERT, BAKER, et al. Electrification of New Mexico Thunderstorms, Mon.wea.rev, 1994.

[12] TIPPETT M K,KOSHAK W J. A baseline for the predictability of U.S. cloud-to- ground lightning[J]. Geophysical Research Letters, 2018,45(19):10719-10728.

[13] WANG F, ZHANG Y, DONG W. A lightning activity forecast scheme developed for summer thunderstorms in south China[J]. Journal of Meteorological Research, 2010,24(5): 631-640.

[14] WANG J,ZHENG S,ZHOU B, et al. Lightning potential forecast over nanjing with denoised sounding-derived indices based on SSA and CS-BP neural network[J]. Atmospheric Research, 2014, 137: 245-256.

[15] YAIR Y, LYNN B, PRICE C, et al. Predicting the potential for lightning activity in mediterranean storms based on the weather research and forecasting (WRF) model dynamic and microphysical fields[J]. The Atlantic Alliance and its critics, 2010.

[16] ZHOU K,ZHENG Y,DONG W, et al. A deep learning network for cloud- to-ground

lightning nowcasting with multisource data[J]. Journal of Atmospheric and Oceanic Technology, 2020, 4:37.

[17] 侯荣涛，朱斌，冯民学，等. 基于 DBSCAN 聚类算法的闪电临近预报模型[J]. 计算机应用，2012，32：847-851.

[18] 张春龙，肖稳安，王振会. 基于气象卫星观测资料的雷电预报指标研究. 2011 年第二十八届中国气象学会年会，2011.

[19] 郑永光，陈炯，陈明轩，等. 北京及周边地区 5—8 月红外云图亮温的统计学特征及其天气学意义[J]. 科学通报，2007，（14）：1700-1706.

第5章 机场飞行区风切变预报及预警技术

5.1 引 言

气象上对风的探测是指利用各种仪器和方法测量风的速度和方向，以及大气的温度、湿度、压力等参数。风的探测对于气象预报、气候变化、航空航天、风能利用等领域都有重要的意义和作用。目前，常用的风的探测方法有以下几种。

1．风速计和风向标

这是最传统的被动式测量方法，通过风对仪器的作用力来反映风的大小和方向。风速计有杯式、螺旋桨式、热线式等，风向标有箭头式、旗帜式等。这种方法简单易行，但精度较低，受地面摩擦和障碍物影响大，只能测量近地面的风。

2．气球探空

这是一种主动式测量方法，通过释放装有无线电气象仪的气球，随着气球上升，实时接收气象仪传回的大气参数数据，从而得到不同高度上的风速、风向、温度、湿度、压力等信息。这种方法可以测量自由大气中各高度的风，但成本较高，观测频率较低，受天气条件影响大。

3．无线电探空和测风

这是一种利用无线电原理进行风的探测的方法，主要有无线电掩星法和多普勒雷达法两种。无线电掩星法是利用卫星发射的无线电波在穿过大气时发生折射和散射的现象，根据接收到的无线电波信号变化，反演出大气中的温度、湿度、压力、密度等参数，进而推算出风速和风向。多普勒雷达法是利用雷达发射的无线电波在遇到大气中的水滴或尘埃等微粒时发生反射和多普勒频移的现象，根据接收到的反射信号变化，反演出微粒的运动速度和方向，进而推算出风速和风向。这种方法可以实现远距离、高分辨率、连续性的风场观测，但仪器设备较复杂，受电磁干扰影响较大。

4．超声波测速法

这是一种利用超声波原理进行风的探测的方法，主要有超声波时差法和相位法两种方法。超声波时差法是利用两个或多个超声波发射器和接收器相互发射和接收超声波信号，根据信号在不同方向上传播时间的差异，计算出沿各方向上的风速分量。相位法是利用一个超声波发射器和两个或多个接收器构成一个相位阵列，根据信号在不同接收器上产生的相位差来间接测量时间差，从而实现风速测量。

5．雷达测风

新一代多普勒天气雷达对大气的探测具有重要的意义和优势。

多普勒天气雷达利用多普勒效应，可以测量气象目标相对雷达的速度，从而反演出大气风场、气流垂直速度和湍流等数据产品。这些数据产品对于分析降水的形成机制，监测和预警强对流天气（如冰雹、大风、龙卷和暴洪）等灾害性天气，以及提高数值预报的初始场和边界条件等方面都有重要作用。我国新一代多普勒天气雷达分为 S 波段、C 波段和 X 波段三种类型，覆盖了不同的探测范围和精度。目前，我国已经建成了由 250 多部新一代多普勒天气雷达组成的全国性雷达网，为我国的气象服务和科学研究提供了强有力的技术支撑。

风廓线雷达是一种利用电磁波探测大气风场的仪器，它具有高时空分辨率、高灵敏度、高可靠性等优点，能够提供大气垂直风速和水平风速的信息，对于研究大气动力学、天气预报、气候变化等有重要意义。然而，风廓线雷达也存在一些不足之处，例如：它受地形、建筑物、电力线等的影响，可能产生回波信号的衰减或干扰；它需要较高的信噪比和稳定的工作环境，否则会影响数据的质量和准确性；它的探测范围受仪器性能和大气条件的限制，不能覆盖所有高度层和方向。

5.2　基于人工智能的强风切变预报模型

风的预报是一个涉及大气运动的复杂问题。一般来说，天气预报需要利用各种探测资料，如通过卫星、雷达、气象站等来获取大气的温度、湿度、压力、风速等参数。然后，根据大气的基本方程组，利用数值方法对其进行求解，从而得到未来时刻的大气状态，包括风向和风力。但是，由于大气是一个非线性、混沌的系统，数值方法也存在误差和不确定性，所以天气预报并不是完全准确的，只能给出一定的概率和范围。

数值天气预报模式的重要输入及输出参量，直接影响并体现了数值天气预报模式性能。准确的预报对于保障大众的工作、生活都具有重要的意义。数值天气预报模式是一种利用数学方程和物理规律来模拟大气运动和天气变化的方法。数值天气预报模式对风的预报能力是一个重要的研究课题，因为风对于气象、环境、能源等领域都有着重要的影响。数值天气预报模式对风的预报能力取决于多种因素，如模式分辨率、初始场、物理参数化方案等。不同的数值天气预报模式对于不同的风速范围和风场特征的模拟能力也会有差异。因此，为了提高数值天气预报模式对风的预报能力，需要综合考虑多种方法相结合，如多气象源集成、分段建模、深度学习等，以期达到减少预报误差、提高预报精度和稳定性的目的。

人工智能是一种利用计算机或机器模拟和扩展人类智能的技术，它可以感知环境、获取知识并使用知识获得最佳结果。人工智能技术基于大数据学习的优势，可以从多源、多维、多时空的数据中提取有用的信息，建立输入输出之间的映射关系，提高天气预报的精度和效率。近年来，人工智能技术在天气预报领域有着广泛的应用，也为天气预报的改进和创新提供了新的可能。

我们对短期风速预测的研究提出了多种风速预测方法，主要包括时间序列分析法、小波变换分析法、卡尔曼滤波法、人工神经网络法、机器学习算法以及组合算法等。时间序列分析法常利用自身历史风速数据构建线性风速预测模型，但其低阶模型预测精度不高，高阶模型参数难以估算。用卡尔曼滤波法（Kalman filter，KF）开展风速预测时，由于风速的噪声统计特性难以估计，造成其状态方程和特征方程不易建立；而神经网络法原理简单、非线性学习能力强，具有很好的泛化能力，能够很好地处理非线性拟合问题，适于开展风速预测研究，但是，其参数设置复杂、训练时间长、所需训练样本多，不利于预测精度的提高。

从物理特性到人工神经网络，再到机器学习和深度学习，对运动的预测，常用的思路是卡尔曼滤波（KF），以及基于 KF 的支持向量机算法。随着深度学习的不断发展，它对非线性系统表现出的学习能力已经得到提高，对时间序列的预测能力也得到显著提高。与传统的预测模型相比，深度学习模型拥有强大的数据挖掘和特征提取能力。

可将递归神经网络（recursive neural network，RNN）看作同一个神经网络的多个副本，每个副本的输入都不同，而且前一个副本的输出也会作为后一个副本的输入。把递归神经网络展开来看，其结构如图 5-1 所示。

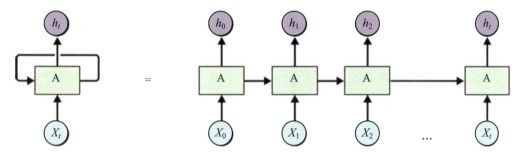

图 5-1 递归神经网络（RNN）结构

因为神经网络 A 完全相同，所以在实现的时候只需要实现一个神经网络即可。这种链式结构表示了递归神经网络用于序列形式的数据，每一步输入序列的不同元素，即执行一个副本。序列数据可以是音频、文本等。

但是如果需要参考的信息离当前预测任务特别远，超过了 8 到 10 个步长，就是具有"长期依赖关系"，RNN 可能就会出现"梯度消失"的问题，也就是之前的信息会呈几何级丢失，其保存的信息通常都是短期信息。反向训练时，RNN 计算梯度时要横向往前推（因为复合函数求导遵守链式法则），一直往前推到序列开始的地方。当序列非常长时，就会出现梯度消失，也就是前面神经元的权重基本不变，没有训练效果。还是因为链式法则，每一项相乘的偏导数都很大时，RNN 也会出现梯度爆炸的情况，通常的解决办法就是梯度截断。

长短期记忆网络（long short-term memory，LSTM）是 RNN 的变体，与传统的 RNN 相比，LSTM 是一种强大的递归神经网络，可以维持内部的输入记忆，并且弥补了 RNN 在训练过程中存在的梯度消失和梯度爆炸问题，广泛应用于时间序列预测问题。因此，LSTM 网络可以很好地处理时间序列问题。LSTM 网络隐藏层中线性自循环的存储单元，可以长期保留梯度，并且通过 3 个门控制流入和流出的信息。

基本的 LSTM 网络结构如图 5-2 所示，在 t 时刻 LSTM 网络的输入有 3 个，当前时刻的输入值 x_t，上一时刻的输出值 h_{t-1} 及单元状态 c_{t-1}。输入门 i_t，输出门 o_t。和遗忘门 f_t，接收相同的输入 $[h_{t-1}, x_t]$，经过激活函数 σ，用来控制单元状态 c_t 的更新过程。

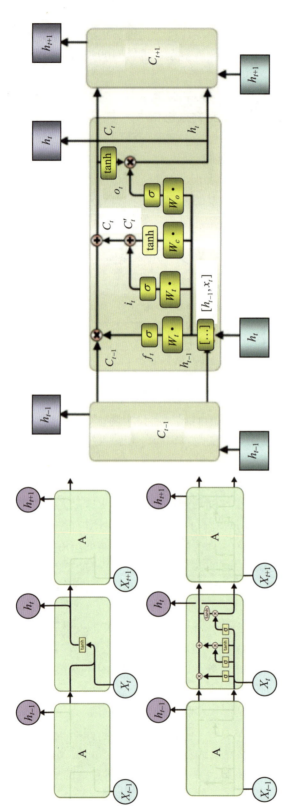

图 5-2　LSTM 神经网络结构

5.2.1 基于编码-解码（Encoder-Decoder）架构的风场订正和外推

假设风场演变所有可能的结果服从某一概率分布，则风场预测问题可认为是在给定历史数据的情况下估算未来风场出现的概率，即可以看作是一个条件概率问题。

如图 5-3 所示，在给定输入序列 $\{x_1, x_2, \cdots, x_T\}$ 的前提下，对输出序列 $\{y_1, y_2, \cdots, y_T\}$ 的条件概率进行建模。编码器将整个输入序列信息 $\{x_1, x_2, \cdots, x_T\}$ 进行特征提取，进行 T 次递归更新之后，映射为单元状态 c_T，求其条件概率分布。基于该模型，采用多输入多输出的形式，通过将原始风场作为输入并进行编码，不断调整网络参数和优化损失函数，学习输入特征和输出标签（即下一时次风场）之间的依赖关系，实现多时次风场预测。

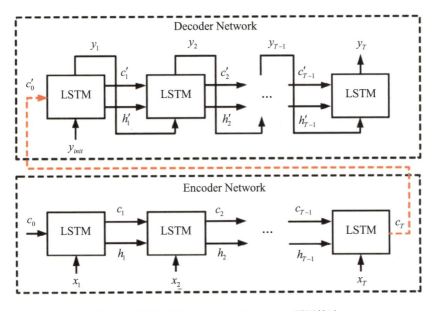

图 5-3 编码-解码（Encoder-Decoder）预测算法

编码阶段通过处理长度为 T 的输入序列 $\{x_1, x_2, \cdots, x_T\}$，进行映射分析和特征提取，将整个轨迹信息压缩为一个固定维度的状态向量，并通过非线性变化生成包含历史特征分布的中间状态向量 c_T。在 t 时刻，编码器的状态 h_t 由当前输入 x_t 及前一时刻状态 h_{T-1} 共同决定。编码器部分使用单层 LSTM 网络，在 t 时刻，该网络将原始轨迹数据 T_{ri} 作为输入，映射到状态向量 c_T 和隐藏层状态 h_t，为解码器提供输入。

解码器阶段从初始输入 y_{init} 开始，接收来自编码器中间状态向量 c_T，并将其作为解码器的初始状态，结合当前时刻的输入数据，模型通过求解条件概率分布，并选择概率最大的输出作为模型的预测结果，然后将该预测结果递归馈送到网络中，并多次重复这一过程。解码器部分由 LSTM 和全连接层组成，该模型以编码器的输出（状态向量 c_T 和隐藏层状态 h）以及 LSTM 网络每个时间步的历史轨迹数据作为输入，通过全连接层，得到未来各时次的预测结果。

在多时次预测过程中，LSTM 展开成前馈神经网络，以当前时间点为基准，循环地获取先前的时间序列，并作为当前时间点的输入，通过滚动预测的原理从训练集的历史数据中获取最后一次观测值，并用其预测当前的可能取值。重复此过程，直到达到所需要的预测时长，实现多时次预测，如图 5-4 所示。

我们的研究外推试验采用的是西安风廓线数据，数据来源是位于西安长安区的风廓线雷达，6 min 间隔，垂直分辨率为 120 m，共 30 层。取前 2 h 即 21 个时次作为输入，输出未来 2 h 即 20 个时次风廓线数据。

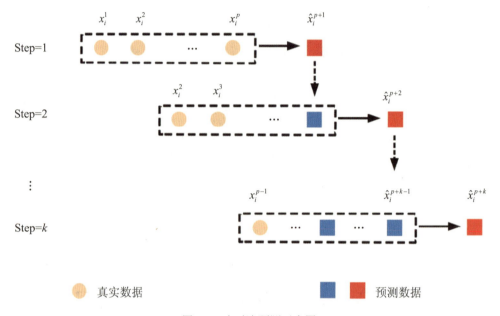

图 5-4 多时次预测示意图

5.2.2 算法流程

以 LSTM 为核心的 Encoder-Decoder 结构的深度神经网络进行预测的流程，将水平风场数据经质量控制、缺失插补后，分解成 u、v 分量后，得到无趋势的监督数据作为模型的输入，在训练过程中，计算出每个神经元的输出值，然后反向计算每个神经元的误差项，根据误差项计算每个权重的梯度，使用 RMSE 作为损失函数，AdamW 算法作为优化算法不断对编码网络和解码网络进行参数更新。预测过程如下。

步骤 1：数据获取。

步骤 2：数据处理。

步骤 3：模型构建。将 nx_t 维作为输入特征，右边 nx_1 维作为输出特征，通过最小化预测结果与真实轨迹的误差，不断调整模型参数，优化网络结构，得到最终的预测模型。

步骤 4：模型验证。把测试数据输入训练好的网络中，并将预测的轨迹数据进行后处理，得出预测结果。

步骤 5：评估分析。

5.3 基于人工智能的强风切变预报检验

以 LSTM 为核心的 Encoder-Decoder 结构的深度神经网络进行预测，对于 2 h 内的高时间分辨率短时临近预报，采用当前时刻及之前的 2 g 内逐时次（一般为 6 min 间隔，即 20 个时次）风廓线作为输入，预测未来 2 h 逐 6 min 风廓线。而对于未来 36 h 逐小时预报，则以数值模式风廓线产品作为背景场，以对应的时次风廓线实测作为观测值，进行深度神经网络订正。为评价机器学习模型性能，我们用网络的损失函数设为均方损失函数（MSE Loss），该损失函数的公式为

$$Loss(p, y) = \frac{1}{n} \sum (p_i - y_i)^2 \tag{5-1}$$

如图 5-5 所示为深度学习模型损失函数下降曲线，可见，训练和测试时损失函数均一致下降，表明模型参数合适，结果可信。

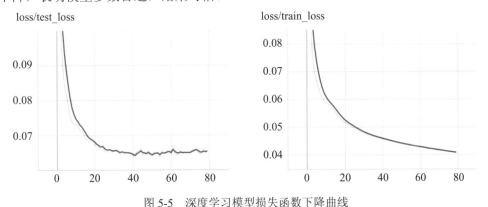

图 5-5　深度学习模型损失函数下降曲线

为检验两种时间分辨率的风廓线产品的准确性，我们以 *MAE* 和 *RMSE* 作为评价标准，计算公式为

$$MAE = \frac{1}{n} \sum_{i=1}^{n} |(p_i - y_i)| \tag{5-2}$$

$$RMSE = \sqrt{\frac{1}{n} \sum_{i=1}^{n} (p_i - y_i)^2} \tag{5-3}$$

式中，n 表示样本数，p_i 和 y_i 表示第 i 个样本的估计值和观测值，可见，*MAE* 和 *RMSE* 越小，表示预测与实际观测值越接近。

5.3.1　检验对象

我们采用北京 54511 站（南郊观象台）和 54419（怀柔）风廓线雷达（简称 WPR）作为大兴机场和首都机场替代数据。之所以选取这两站，是因为这些站距机场近（约 30 km，图 5-6），数据时间跨度大，数据质量较好。目前取 2020 年至 2022 年共 3 年作为训练样本，2023 年 1—7 月作为检验时段。考虑到研究底层风切变，因此取 5000 m 以

下的 37 层风数据。数值模式目前选取的是 GFS 全球模式，每天两次预报（00Z 和 12Z），逐小时分辨率，0.25 度，垂直为 21 个等压层，经插值总获得 41 层风廓线。由于 WPR 的实时观测为每 6 min 一次，我们取每小时起报一次，该模型每年有多达 8000 多次试验数据，而基于数值模式的预报样本则少得多，每年仅 700 多次，因此，二者在某种程度上不是完全可比。两种时间尺度的风廓线数据均经过质控和缺失插补，以满足深度学习的基本要求。

图 5-6　两个风廓线与机场位置关系示意图

5.3.2　检验结果

风是由空气流动引起的一种自然现象，它是由太阳辐射热引起的。风速是空气在单位时间内移动的水平距离，以 m/s 为单位。大气中水平风速一般为 1.0～10 m/s，空气湍流的存在使得风向风速的变化大，一般采用若干分钟的平均值作为观测值，因此从预测角度分析，误差在若干 m/s 都是可以接受的。

我们从以下角度检验两种方法的预报效果：第一，月度 MAE 和 RMSE，以考察两种方法在 12 个月的预报能力；第二，24 小时 MAE 和 RMSE，以考察两种方法对日变化的预报能力；第三，各风速区间的预报能力，其中 54511 站为逐 6 min 的 2 h 预报，54419 站为逐小时的 36 h 预报（见图 5-7 和表 5-8）。可见 54511 站的 MEA 和 RMSE 的月均值分别为 3.0 和 4.0，随月度变化不大，5 月略大，54419 站的 MEA 和 RMSE 的月均值分别为 2.7 和 3.5，其中夏季误差小，而冬季大，呈现余弦曲线形态。分析误差原因，北京地区盛行冬季风，风速偏大，夏季风偏小，54511 站风廓线是基于小时尺度风廓线进行 2 h 预测，小时级误差能限制在较小程度，即误差的月、及尺度变化不明显，而 54419 站是基于数值预报模式（NWP）进行订正，NWP 对冬夏季的风速预报误差出现冬季大、夏季小的模态，虽经过本研究的订正已使误差显著减小，但误差的月度分布与气候态分布类似，即余弦曲线特点。

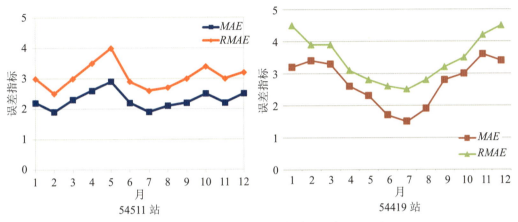

图 5-7　两站误差指标随月分布

表 5-8　两站各指标随月份分布

月份	54511 站（6 min）		54419 站（1 h）	
	MAE	RMSE	MAE	RMSE
1 月	2.2	3	3.2	4.5
2 月	1.9	2.5	3.4	3.9
3 月	2.3	3	3.3	3.9
4 月	2.6	3.5	2.6	3.1
5 月	2.9	4	2.3	2.8
6 月	2.2	2.9	1.7	2.6
7 月	1.9	2.6	1.5	2.5
8 月	2.1	2.7	1.9	2.8
9 月	2.2	3	2.8	3.2
10 月	2.5	3.4	3	3.5
11 月	2.2	3	3.6	4.2
12 月	2.5	3.2	3.4	4.5

考察 54511 站的误差日变化特性（图 5-9），可见，在日间（00Z 至 08Z），误差变化不大，但自 09Z 时，误差迅速加大，到 18Z 以后，误差回落到较低水平，这与北京地

区风的日变化密切相关：日间气温高，空气分子无规则运动造成风速偏小，而夜间气温低，空气分子运动趋于稳定一致而风速偏大，其中傍晚为两种状态的转折时段，风速变化大，使得预测误差偏大。

考察54511站的误差随高度分布（图5-10），可见近地面3层（约360 m）和最高5层（4400～5000 m）误差略大，之间的4 km范围内误差稳定少变，其中底层的较大误差与近地面层复杂的湍流和乱流相关，而高层的较大误差与高层的动量交换有关，但目前的研究对象是机场附近的底层风场预报，可以舍去最上面误差较大的若干层。

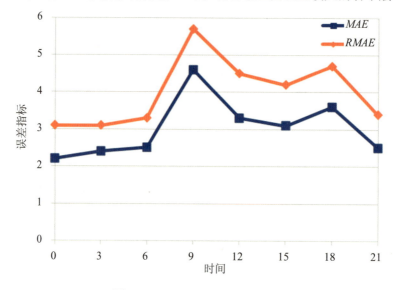

图5-9 54511站误差指标的日变化

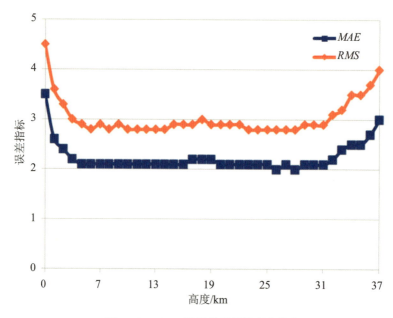

图5-10 54511站误差指标随高度分布

考察 54511 站的误差随预报时长的分布（图 5-11），可见随预报时间的延长，误差逐渐增长，呈准线性分布，*MAE* 误差从第 1 个时刻（即 6 min）的 1.7 m/s 到 1 h 后的 2.2 m/s、2 h 后的 2.5 m/s。根据此误差随预报时长的分布，可以酌情采信相应的时长预测结果。

从观测和预报的风速分布形态上看，本研究结果也比较合理，图 5-12 所示为 54511 站秋季观测（左）与预报（右）均值分布，如图 5-13 所示为对应的均方差分布，可见，总体模态分布一致，但预报场对观测中的细微结构刻画得更为平滑。其他各方面指标均体现该特征（图 5-14）。如图 5-15 所示为 54419 站冬季、夏季观测均值及预报均值分布情况，两者均非常匹配。

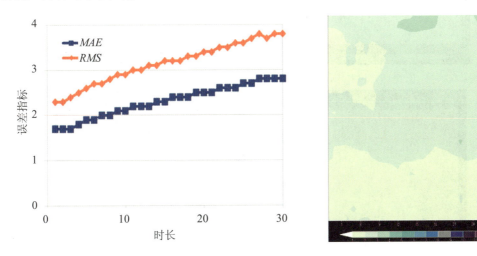

图 5-11　54511 站误差随预报时长分布

图 5-12　54511 站秋季观测（左）与预报（右）的均值分布

图 5-13　54511 站秋季观测（左）与预报（右）的均方差分布

图 5-14　54511 站冬季观测均值（左）及预报（右）的均值分布

冬季观测（左）及预报（右）的 RMSE
图 5-15　54419 站冬季、夏季观测及预报情况

夏季观测（左）和预报（右）均值分布

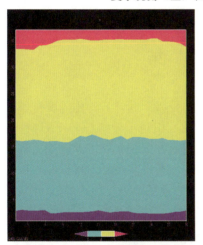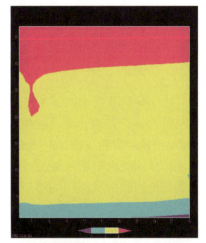

夏季观测（左）和预报（右）方差分布

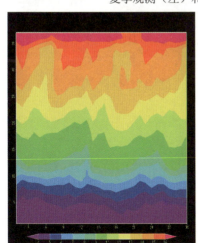

冬季观测（左）和预报（右）均值分布

图 5-15　54419 站冬季、夏季观测及预报情况（续）

冬季观测（左）和预报（右）方差分布

图5-15　54419站冬季、夏季观测及预报情况（续）

5.4　小　结

大气风场受多种因素影响，是多尺度运动的叠加，另外其变化幅度有限，风速的随机性和非线性特性，使得风速难以精确预测。我们引进了一种基于 LSTM 的 Encoder-Decoder 的短临外推和短期预报订正技术，一种将长短时记忆网络和时间序列分析法相结合的组合预测算法来实现短期风速的预测。首先，利用时间序列分析法对短期风速进行预测得到预测结果和预测残差；其次，利用长短时记忆网络对预测残差进行预测；最后，将两种方法得到的预测结果进行线性组合得到最终的预测结果序列。验证结果显示，该方法有效提高了短期风速序列预测精度。

参 考 文 献

[1] 李青勇，何兵，张显炀，等. 基于 LSTM 的 Encoder-Decoder 多步轨迹预测技术[J]. 航空兵器，2021，28（2）：49-54.

[2] 李蓉蓉，戴永. 基于 LSTM 和时间序列分析法的短期风速预测[J]. 计算机仿真，2020，37（3）：6.

[3] KHURAM H. 基于融合 LSTM 的超短期风速概率预测方法研究[D]. 北京：华北电力大学，2019.

[4] BAHDANAU D, CHO K, BENGIO Y. Neural machine translation by jointly learning to align and translate. https://arxiv.org/abs/1409.0473, https://doi.org/10.48550/arXiv.1409.0473.

第6章 机场飞行区低能见度预报及预警技术

6.1 引　言

低能见度是飞行安全隐患之一，易使飞机在着陆时看不清跑道而偏离跑道，或过早、过迟接地；因低能见度造成的航班大面积延误、取消，给旅客出行带来了很大的不便，直接影响航班正点率。由此可见，能见度的预测与评估是一项亟待解决的问题，解决这一问题既能提升飞行安全，也能提高终端区进离场航空器的运行效率，从而提高空域利用效率。

低能见度天气的高发生率，对系统的影响更加复杂，特别是对开始和结束时间的低能见度的预测更加困难。因此，分析机场能见度变化特征，筛选能见度高影响气象要素特征，基于分辨率五维气象要素产品，针对机场低能见度形成的气象条件复杂、能见度变化受多重气象因素的综合影响、具有复杂的非线性系统模式特征的特点，建立融合天气预报机理与深度学习算法的能见度预报模型迫在眉睫。

6.2　基于人工智能方法的预报模型构建

6.2.1　数据

从数据库中获取我国位置较不敏感的 47 个国际机场经纬度，47 个机场为：广州白云国际机场（CAN）、郑州新郑国际机场（CGO）、重庆江北国际机场（CKG）、成都双流国际机场（CTU）、常州奔牛国际机场（CZX）、大连周水子国际机场（DLC）、鄂尔多斯伊金霍洛国际机场（DSN）、张家界荷花国际机场（DYG）、海口美兰国际机场（HAK）、呼和浩特白塔国际机场（HET）、合肥新桥国际机场（HFE）、杭州萧山国际机场（HGH）、海拉尔东山机场（HLD）、哈尔滨太平国际机场（HRB）、西双版纳嘎洒国际机场（JHG）、锦州锦州湾国际机场（JNZ）、南昌昌北国际机场（KNH）、赣州黄金机场（KOW）、桂林两江国际机场（KWL）、兰州中川国际机场（LHW）、丽江三义国际机场（LJG）、拉萨贡嘎国际机场（LXA）、澳门国际机场（MFM）、宁波栎社国际机场（NGB）、南京禄口国际机场（NKG）、南宁吴圩国际机场（NNG）、南通兴东国际机场（NTG）、满洲里西郊机场（NZH）、北京首都国际机场（PEK）、上海浦东国际机场（PVG）、上海虹桥国际机场（SHA）、沈阳桃仙国际机场（SHE）、石家庄正定国际机场（SJW）、三亚凤凰国际机场（SYX）、青岛流亭国际机场（TAO）、黄山屯溪国际机场（TXN）、太原武宿国际机场（TYN）、乌鲁木齐地窝堡国际机场（URC）、威海大水泊机场（WEH）、温州龙湾国际机场（WNZ）、武汉天河国际机场（WUH）、西安咸阳国际机场（XIY）、西宁曹家堡国际机场（XNN）、徐州观音国际机场（XUZ）、延吉朝阳川国际机场（YNJ）、盐城南洋国际机场（YNZ）和扬州泰州国际机场（YTY）。这些机场分布在中国的温带大陆性气候区、温带季风气候区、高原山地气候区、亚热带季风气候区和热带季风气候区等地候区。新疆维吾尔自治区的乌鲁木齐地窝堡国际机场、海南的三亚凤凰机场、吉林的延吉朝阳川国际机场和内蒙古自治区的满洲里西郊机场分别是中国最西、最南、最东和最北的机场。

在我们的研究中，估测逐小时能见度所需的气象数据是从中国国家气象数据科学中心的网站（data.CMA.cn）上获得的。根据位置和数据的有效记录长度，从 92 000 多个气象站中找到了离每个机场最近的 5 个气象站。为了保证数据质量，对小时数据的缺失和异常突变点进行了测试，然后根据结果去除异常值和缺失值并进行插值。经过质量控制后，5 个站点的每个气象要素的平均值被计算为机场 2010—2020 年的每小时气象要素观测值。从与能见度密切相关的气象要素中，选择了 2010—2020 年具有完整小时数据的 27 个气象要素，包括能见度和用于预测能见度的 26 个其他气象要素。选定的气象要素及其缩写见表 6-1 所列。

表 6-1　研究中所用到的气象要素

要素英文缩写	要素全名及单位
visibility	逐 10 min 监测的一小时平均水平能见度（m）
TEM	气温（℃）
TEM_Min	最低温度（℃）
TEM_Max	最高温度（℃）
DPT	露点（℃）
PRS	压力（hPa）
PRS_Sea	海平面压力（hPa）
VAP	蒸气压（hPa）
RHU	相对湿度（%）
PRE_1h	过去一小时累计降雨量（mm）
PRE_6h	过去 6 h 的降雨量（mm）
PRE_12h	过去 12 h 的降雨量（mm）
GST	地表温度（℃）
GST_5cm	5 cm 深度的地面温度（℃）
GST_10cm	10 cm 深度的地面温度（℃）

（续表）

要素英文缩写	要素全名及单位
GST_15cm	15 cm 深度的地面温度（℃）
GST_20cm	20 cm 深度的地面温度（℃）
WIN_S_Avg_2mi	2 min 平均风速（m/s）
WIN_S_Avg_10mi	10 min 平均风速（m/s）
WIN_S_Max	最大风速（m/s）
WIN_D_S_Max	最大风速风向（度）
WIN_S_Inst_Max	极端瞬时风速（m/s）
WIN_D_Inst_Max	极端风速方向（度）
WIN_S_Inst_Max_6h	过去 6 h 内的最大瞬时风速（m/s）
WIN_D_Inst_Max_6h	过去 6 h 内最大瞬时风速的方向（度）
WIN_S_Inst_Max_12h	过去 12 h 内的最大瞬时风速（m/s）
WIN_D_Inst_Max_12h	过去 12 h 内最大瞬时风速的方向（度）

6.2.2 方法

研究将基于如下九种机器学习算法构建能见度预测模型。其中，偏最小二乘回归（partial least squares regression，PLS）、分类和回归树（classification and regression tree，CART）、K-最近邻算法（K-nearest neighbor，KNN）、最小角度回归（least angle regression，LAR）、多层感知器（multi-layer perceptron，MLP）、随机森林算法（random forest，RF）、岭回归器（ridge regressor，RR），随机梯度下降回归（stochastic gradient descent regression，SGD）和线性支持向量回归（linear support vector regression，SVR）已经成为非常经典的人工智能算法。在能见度预测方面，偏最小二乘回归算法、分类和回归树算法、K-最近邻算法、多层感知器算法、随机森林算法、随机梯度下降回归算法和线性支持向量回归算法已被学者使用，但最小角度回归算法和岭回归算法尚未应用于该领域。我们基于以上 9 种算法构建了机场能见度逐小时预报模型，并比较了 9 种算法的预测结果。

1. 随机森林算法

随机森林算法具有较高的预测精度并能避免过拟合，是基于分类和回归树的高效直观的机器学习算法。通过自助抽样方法，随机森林算法可以在给定的 m 个样本数据集中随机抽样 m 次后，得到包含 m 个训练样本的样本集，然后根据每个样本集进行训练，构建决策树。在决策树的节点，将从节点的属性集中随机选择包含 K 个属性的子集，然后从该子集中选择一个最优属性进行划分。构建随机森林时，测试样本将进入每个决策树进行类型输出或回归输出；如果是分类问题，则通过投票输出最终类别。如果是回归问题，则每个决策树的平均输出就是最终结果。与其他算法相比，随机森林具有更高的稳定性和对噪声、离群值的耐受性。

2. 岭回归算法

回归问题中常用的方法是最小二乘法（LSM）。LSM 可以用以下矩阵形式表示

$$\boldsymbol{\beta} = (\boldsymbol{X}^{\mathrm{T}}\boldsymbol{X})^{-1} \cdot \boldsymbol{X}^{\mathrm{T}}\boldsymbol{Y} \tag{6-1}$$

式中，$\boldsymbol{Y}$ 为机场能见度，$\boldsymbol{X}$ 为影响能见度的气象要素，$\boldsymbol{\beta}$ 为待求解的回归系数。

当自变量具有多重共线性时，均方误差（MSE）将变大，导致 LSM 无法实现。减少 MSE 的方法是用 RR 取代 LSM。岭回归算法通过人为地向 XTX 添加一个偏差来解决上述问题，以避免其逆矩阵接近奇异点的可能性。一般来说，在添加一个正数矩阵 $k\boldsymbol{I}$ 后，$\boldsymbol{\beta}$ 的形式为

$$\boldsymbol{\beta} = (\boldsymbol{X}^{\mathrm{T}}\boldsymbol{X} + k\boldsymbol{I})^{-1} \cdot \boldsymbol{X}^{\mathrm{T}}\boldsymbol{Y} \tag{6-2}$$

岭回归算法模型通过添加方程（6-2）的约束条件，从本质上改进了算法，得到方程（6-3）。多元线性回归模型为

$$\| \boldsymbol{X}\boldsymbol{\beta} - \boldsymbol{Y} \|^2 + k \| \boldsymbol{\beta} \|^2 \rightarrow \min \tag{6-3}$$

3. 最小角回归算法

最小角回归通过构造一个一阶惩罚函数来确定某些变量的系数为零，从而删除一些无效变量，得到一个具有较强解释能力的模型。线性回归模型为

$$\min S(\beta) = \| y - \mu \|^2 = \sum_{i=1}^{n}(y_i - \mu_2)^2 = \sum_{i=1}^{n}\left(y_i - \sum_{j=1}^{p}x_{ij}\beta_j\right)^2 \tag{6-4}$$

式中，$(x_{i1}, x_{i2}, \cdots, x_{ip})$ 表示第 i 个样本对应的自变量；y_i 为样本的响应；β_j 为第 j 个自变量的回归系数。

线性回归模型满足的约束条件为

$$\mathrm{s.t.}\sum_{j=1}^{p}| \beta_j |\leqslant t \tag{6-5}$$

式中，t 表示约束值。最小角回归算法是通过在约束下调整 β_j，最小化 y_i 与回归变量 μ_i 之间平方误差和 $S(\beta)$。

4. 线性支持向量回归算法

支持向量机（SVM）是一种分类算法，支持向量也可以用于回归，称为支持向量回归（SVR）。假设训练数据集

$$T = \{(x_i, y_i,)_{i=1}^{n} \mid x_i \in R^d, y_i \in R, i = 1, 2, \cdots, n\}$$

式中，x_i 表示输入，y_i 表示输出，G 表示样本的特征维数，N 表示训练样本的数量。SVM 可以表示为

$$f(x) = \boldsymbol{\omega}^{\mathrm{T}} \cdot \varphi(x) + b \tag{6-6}$$

式中，ω 和 b 分别表示超平面的正态向量和截距。由于可能存在估计误差，并非所有的点都能落在 ξ 区间带内，因此引入了松弛变量（ξ，ξ^*），从而将上述问题转化为优化问题。

此时，目标函数和约束可以表示为

$$\min = \frac{1}{2}\|\boldsymbol{\omega}\|^2 + C\sum_{i=1}^{I}(\xi_i + \xi^*) \tag{6-7}$$

式（6-5）满足以下约束条件

$$\text{s.t.}\begin{cases} (\boldsymbol{\omega}\cdot x_i) + b - y_i \leqslant \varepsilon + \xi, i=1,\cdots,I \\ y_i - (\boldsymbol{\omega}\cdot x_i) - b \leqslant \varepsilon + \xi, i=1,\cdots,I \\ \xi_i, \xi^* \geqslant 0, i=1,\cdots,I \end{cases} \tag{6-8}$$

式中，c 表示惩罚参数，ε 表示不敏感的损失参数。在引入拉格朗日乘子后，通过对偶变换和非线性变换将目标函数转化为

$$\max V(\alpha_i, \alpha_i^*) = \sum_{i=1}^{I} y_i(\alpha_i - \alpha_i^*) - \frac{1}{2}\sum_{i,j=1}^{I}(\alpha_i - \alpha_i^*)(\alpha_j - \alpha_j^*)K(x_i\cdot x_i) - \varepsilon\sum_{i=1}^{I}(\alpha_i - \alpha_i^*) \tag{6-9}$$

式（6-9）满足的约束条件为

$$\text{s.t.}\begin{cases} \sum_{i=1}^{I}(\alpha_i^* - \alpha_i) = 0 \\ 0 \leqslant \alpha_i^*, \alpha_i \leqslant c, i=1,\cdots,I \end{cases} \tag{6-10}$$

式中，α_i 和 α_i^* 表示拉格朗日乘数。核函数 $K(x_i, y_i)$ 的引入可以解决 SVM 中的高维计算问题。我们选择核函数作为线性函数

$$K(x_i, y_i) = x_i^{\text{T}} \cdot x_j \tag{6-11}$$

所以，最后的回归拟合函数是

$$f(x) = \sum_{i=1}^{n}(\alpha_i - \alpha_i^*)K(x_i, y_i) + b \tag{6-12}$$

5．K-最近邻算法

K-最近邻算法的思想是在特征空间中，如果一个样本附近的 K 个样本（即最近的 K 个邻居）大多数样本属于一个特定的类别，则该样本也属于该类别。该算法的描述如下。

假设是有训练数据集

$$T = \{(x_1, y_1), (x_2, y_2), \cdots, (x_n, y_n)\}, x_i \in R^n, y_i \in \{c_1, c_2, \cdots, c_K\}$$

和测试数据 x，输出

$$y = \arg\max_j \sum_{x_i \in N_k(x)} I\{y_j = c_i\}, i=1,2,\cdots,n; j=1,2,\cdots,K \tag{6-13}$$

式中，$N_k(x)$ 是覆盖最接近 x 的 K 个样本的邻域。

6. 随机梯度下降回归算法

SGD 最初应用于模式识别和神经网络。该方法随机选择一个或几个样本的梯度来代替迭代过程中的整体梯度，大大降低了计算的复杂度。

7. 偏最小二乘回归算法

偏最小二乘回归是一种数学优化技术，它通过最小化误差的平方和来找到一组数据的最佳函数匹配。用最简单的方法得到一些绝对未知的真值，并最小化误差的平方和。为了建模，单个预测器 y 和 m 变量 $(x_1, x_2, \cdots, x_m)$ 偏最小二乘回归可表示为

$$\boldsymbol{E}_0 = \begin{bmatrix} x_{11}^* & \cdots & x_{1m}^* \\ \vdots & & \vdots \\ x_{n1}^* & \cdots & x_{nm}^* \end{bmatrix}, \boldsymbol{F}_0 = \begin{bmatrix} y_1^* \\ \vdots \\ y_n^* \end{bmatrix} \tag{6-14}$$

式中，$x_{ij}^* = \dfrac{x_{ij} - \overline{x}_j}{s_j}(i=1,2,\cdots,n, j=1,2,\cdots,m)$ 表示第 j 个预测因子的第 i 次观测值的标准化值，$y_1^* = \dfrac{y_i - \overline{y}}{s_y}(i=1,2,\cdots,n)$，表示与第 i 次观测结果对应的预测的标准化值，$\overline{x}_j$、$\overline{y}$ 分别表示第 j 个预测因子和预测量的平均值，s_j 和 s_y 分别表示第 j 个预测因子和预测量的标准差。从 $\boldsymbol{E}_0$ 中提取第一个分量 t_1，计算式为

$$t_1 = \boldsymbol{E}_0 \omega_1, \omega_1 = \frac{\boldsymbol{E}_0^{\mathrm{T}} \boldsymbol{F}_0}{\| \boldsymbol{E}_0^{\mathrm{T}} \boldsymbol{F}_0 \|}, \| \omega_1 \| = 1$$

$\boldsymbol{E}_0$ 和 $\boldsymbol{F}_0$ 的回归实现了 t_1。

$$\begin{cases} \boldsymbol{E}_0 = t_1 p_1^{\mathrm{T}} + \boldsymbol{E}_1 \\ \boldsymbol{F}_0 = t_1 r_1^{\mathrm{T}} + \boldsymbol{F}_1 \end{cases} \tag{6-15}$$

式中，$\boldsymbol{E}_1$ 和 $\boldsymbol{F}_1$ 分别为 $\boldsymbol{E}_0$ 和 $\boldsymbol{F}_0$ 的残差矩阵，p_1^{T} 和 r_1^{T} 为回归系数。通过交叉效度检验来检验 y 对 t_1 回归方程的收敛性。如果精度满足要求，则进行下一步，否则，用剩余矩阵 $\boldsymbol{E}_1$ 和 $\boldsymbol{F}_1$ 代替 $\boldsymbol{E}_0$ 和 $\boldsymbol{F}_1$ 提取分量 t_2，循环到提取 h 分量，精度满足要求。

当方程满足精度要求后，可以得到 h 分量，并实现 $\boldsymbol{F}_0$ 对 t_1，t_2，$\cdots$ 的回归，得到

$$\boldsymbol{F}_0 = r_1 t_1 + r_2 t_2 + \boldsymbol{I} + \eta t_1 \tag{6-16}$$

由于 t_1，t_2，$\cdots$，t_h 是 $\boldsymbol{E}_0$ 的线性组合，可以得到 $\boldsymbol{F}_0 = r_1 \boldsymbol{E}_0 \omega_1^* + r_2 \boldsymbol{E}_0 \omega_2^* + \cdots + r_h \boldsymbol{E}_0 \omega_h^*$，式中，$\omega_h^* = \prod_{j=1}^{h=1}(\boldsymbol{I} - \omega_j p^{\mathrm{T}}) w_h$，$\boldsymbol{I}$ 表示单位矩阵。

根据标准化的逆过程，将 $\boldsymbol{F}_0$ 的回归方程简化为 Y 与 x_1，x_2，$\cdots$，x_m 的回归方程，即

$$y = \alpha_0 + \alpha_1 x_1 + \cdots + \alpha_m x_m \tag{6-17}$$

式中，α_1，α_2，$\cdots$，α_m 为系数。

8. 分类回归树算法

分类回归树是一种由内部节点、分支和叶子组成的树状结构。它从根节点开始，以叶节点结束。分类回归树不仅是数据分类中最简单和易于理解的数据挖掘方法，而且是

一种非常有效的预测算法。当使用分类回归树作为回归树时，其功能是通过对象的信息来预测对象的属性，并将其表示在数值中，用样本方差来测量节点的纯度。节点的纯度越高，节点分类或预测的效果就越好。

$(x_1, x_2, \cdots, x_n)$ 表示包含在数据示例中的 n 个属性，并使用 y 表示该属性所属的类别。每个属性 x_n 都有一个固定的输出值 C_n，回归树模型可以表示为

$$\int(x) = \sum_{N=1}^{N} C_N I, x \in X_n \tag{6-18}$$

选择数据集中的第 j 个属性 X_j 和属性 X_j 的值 z 作为回归树的分割点，从中可以将数据集划分为两个区域

$$X_{\downarrow}1 = (j, z) = \{x \mid x(j) \mid z\}$$
$$X_{\downarrow}2 = (j, z) = \{x \mid x(j) > z\}$$

寻找最佳分割点 X_j，即计算最小平方差的点为

$$\min_{s,j} \left[\min_{c_1} \sum_{x_1 \in E_1(j,s)} (y_1 - c_1)^2 + \min_{c_s} \sum_{x_1 \in E_1(j,s)} (y_1 - c_2)^2 \right] \tag{6-19}$$

9. 多层感知器

多层感知器主要是一个前馈神经网络。理论上，它可以完成从输入到输出的任何明确形式的映射任务。多层感知器是一种基于神经网络的算法模型，由输入层、隐式层和输出层组成。每个入口节点都是一个链，由出口节点连接并有相应的权重。这个加权链模拟了神经元之间的连接强度。为了模拟多层感知器，需要不断调整训练数据的输入输出关系，直到输入数据和输出数据之间的关系能够被完美地拟合。

多层感知器先求输入数据的权值 $(x_1, x_2, \cdots, x_n)$，然后将前馈网络的结果值作为该层的自变量值，激活函数 $\varphi(v) = \tanh v$。输出 y 可以表示为

$$\hat{y} = \tanh \left(\sum_{d=1, n=1}^{n} w_d x_n \right) \tag{6-20}$$

多层感知器需要不断调整权重参数 w 来完成学习过程，直到输出与训练样本的实际输出一致。重新调整公式为

$$w_j^{k+1} = w_j^k + \beta(y_i - \widehat{y_i^k}) x_{ij} \tag{6-21}$$

式中，w^k 表示通过第 k 个循环时多次输入后的权重；x_{ij} 表示训练集中 x_i 的第 j 个属性值；β 表示学习效率。方程左侧的参数 w_j^{k+1} 由 w_j^k 加上决策误差值（$y_i - y_i^k$）得到。如果实际得到的值与判断值相同，可以调用现有的方法来预测权重；如果实际值与判断值之差过大，说明存在问题，因此重新设计计算权重的方法，修改参数等。如果固定值与实际值的差大于 0，则需要增加所有正反馈链的大小，同时减小所有负反馈链的大小，增加估计值，如果判断值与实际值的差小于 0，需要同时减少所有正反馈链的大小，增加所有负反馈链的大小，减小估计值。

6.2.3 模型构建与验证

选择 2018—2019 年 26 个气象要素的所有小时样本用于训练本研究提出的机场能见度估计模型。如图 6-1 所示泰勒图显示了训练期间（2018—2019 年）未来 1 h 预测和观测机场能见度的比较。除基于最小角度回归模型外，大多数模型对所有机场都是通用的，并且表现良好。基于偏最小二乘回归、分类和回归树算法、K-最近邻算法、多层感知器算法、随机森林算法、岭回归算法、随机梯度下降回归算法和线性支持向量回归算法的模型的斯皮曼尔（Spearman）相关系数平均值分别为 0.75、0.91、0.96、0.90、0.97、0.91、0.88 和 0.90。

除了基于最小角度回归和线性支持向量回归方法的预测和观测的标准差比率在 1 左右离散外，其他模型的比率集中在 1 左右，这表明大多数模型都经过了很好的训练，并且适用于所有机场。一般来说，基于随机森林算法模型从均方根误差和平均绝对误差中显示出更好的估计结果（图 6-2）。

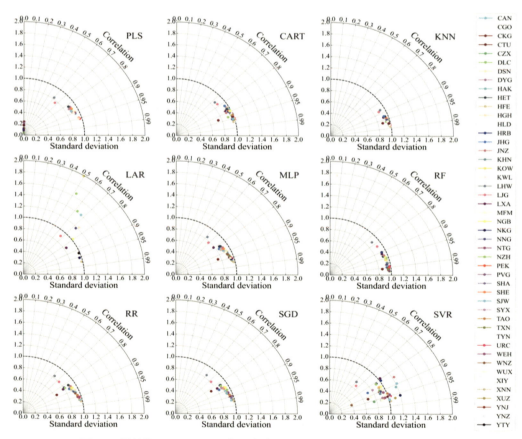

图 6-1　训练期（2018—2019 年）未来 1 h 预测和观测机场能见度的比较

（半径与圆弧分别显示了未来 1 h 预测和观测机场能见度之间的相关性和标准偏差比）

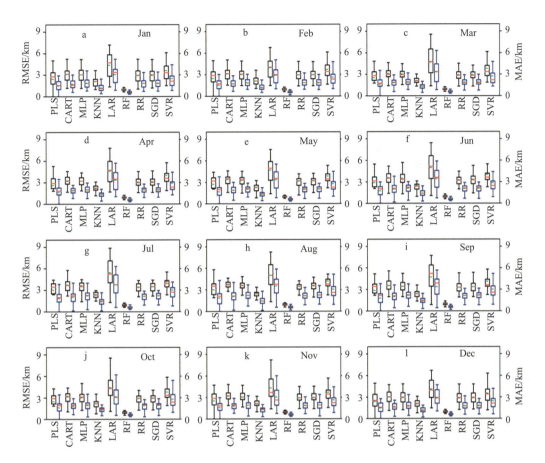

图 6-2　在训练期（2018—2019 年），47 个机场未来 1 小时
能见度观测值和预报值之间 RMSE（黑）和 MAE（蓝）的箱型图
（红色实线和绿色虚线分别代表 47 个机场每个算法模型的 RMSE 和 MAE 的中位数值和平均值。
箱型图须的最上和最下端代表最大值和最小值，箱体上端和下端代表 25% 和 75% 的分位数）

为了验证和比较我们提出的机场能见度估计模型在训练期（2018—2019 年）的能力，我们将 2020 年的每小时机场能见度估计值与 2020 年的现场机场能见度测量值进行对比，如图 6-3 所示的泰勒图显示了验证期（2020 年）未来 1 h 预测和观测机场能见度的比较、图 6-4 所示的泰勒图显示了基于随机森林算法模型、岭回归、最小角度回归、线性支持向量回归、K-最近邻算法、随机梯度下降回归、偏最小二乘回归、分类和回归树、多层感知器的模型在测试期（2020 年）内每小时预测和观测机场能见度的比较结果（标准偏差比、Spearman 相关系数、均方根误差和平均绝对误差）。与基于算法的模型在训练期的结果相比，尽管这三个模型的验证结果的 Spearman 相关系数在一定程度上略有下降，但大多数算法在大多数机场的 Spearman 相关系数仍然可以高于 0.5，这表明预测结果仍然令人满意。在验证结果中，HFE（合肥新桥国际机场）、XIY（西安咸阳国际机场）、SJW（石家庄正定国际机场）、TYN（太原武宿国际机场）、NKG（南京禄口国际机场）和YTY（扬州泰州国际机场）在算法模型中的平均 Spearman 相关系数最高，这表明各种模型可以很好地应用于这些机场的能见度预测。同时，29 个机场（占所有 47 个机场的 61.7%）的平均 Spearman 相关系数大于 0.8，这表明我们提出的人工智能算法模型可以合理地用于机场能见度预测。特别是在大多数算法模型中，HFE（合肥新桥国际机场）和 SJW（石家庄正定国际机场）具有最高的 Spearman 相关系数和较高的标准偏差比。相反，预测模型的 Spearman 相关系数最低出现在兰州中川国际机场（LHW）和拉萨贡嘎国际机场（LXA）。

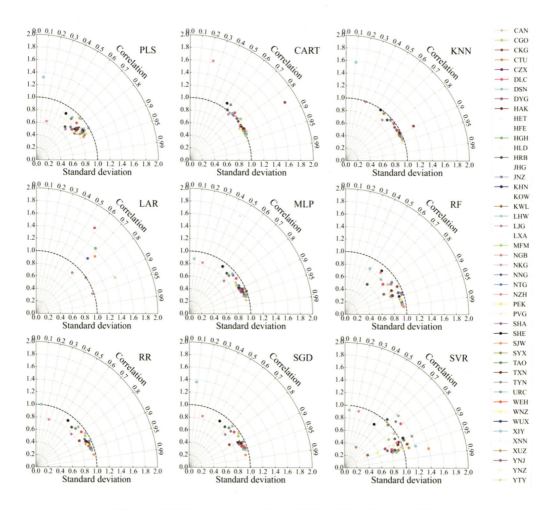

图 6-3　验证期（2020 年）未来 1 h 预测和观测机场能见度的比较
（半径与圆弧分别显示了未来 1 h 预测和观测机场能见度之间的相关性和标准偏差比）

图 6-4 在验证期（2020 年），47 个机场未来 1 h 能见度
观测值和预报值之间 RMSE（黑）和 MAE（蓝）的箱型图
（红色实线和绿色虚线分别代表 47 个机场每个算法模型的 RMSE 和 MAE 的中位数值和平均值。
箱型图须的最上和最下端代表最大值和最小值，箱体上端和下端代表 25% 和 75% 的分位数）

大多数机场在基于分类和回归树算法、K-最近邻算法、多层感知器算法、随机森林算法、岭回归算法和随机梯度下降回归算法下的标准偏差比接近 1，这表明在这些算法下，预测能见度和观测能见度的离散度接近（图 6-3）。如果标准偏差比分散在 1 左右，这意味着基于这些算法模型下预测的和观测值的偏差之间存在很大差异。在基于随机森林算法的模型下，大多数机场能见度下的 Spearman 相关系数最高，预测值和观测值之间的离散度最接近。因此，在几种算法模型中，基于随机森林算法的模型具有最好的预测效果。从每个月的均方根误差和平均绝对误差也可以看出基于随机森林算法的模型效果最好（图 6-4）。均方根误差和平均绝对误差在 5—9 月较高，在 10—12 月较低，这表明 5—9 月能见度的预测结果较差，10—12 月的能见度预测结果优于其他月份。

6.3 机场能见度特征及不同算法模型表现讨论

6.3.1 机场小时能见度的日平均值和趋势

对于所有机场来说，能见度好主要发生在 14：00—18：00，而能见度差主要集中在 22：00 至第二天的 12：00，特别是在 03：00—09：00。可以看出，机场的能见度在清晨和早晨最差。清晨和早晨，能见度最差的地区是 CTU（成都机场）、XIY（咸阳机场）、DYG（张家界机场）、XUZ（徐州机场）和 HGH（杭州机场），集中在 29°N 和 35°N 之间。在同一经度范围内，纬度大于 40°N 的机场，其能见度更好（图 6-5）。

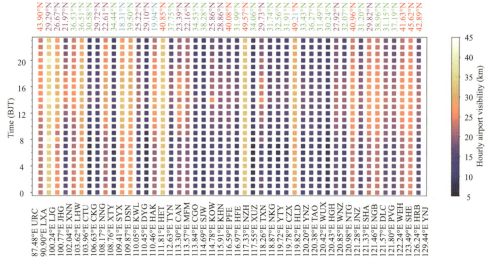

图 6-5 2010—2020 年，47 个国际机场每小时能见度的日内分布

（机场沿 x 轴按经度从左到右排列。浅蓝色、粉红色、深绿色和红色

代表位于 10°～19°N、20°～29°N、30°～39°N 和 40°～49°N 之间的机场）

大多数机场的能见度在大多数时候都呈现积极的趋势。如图 6-6 所示，能见度增加主要发生在我国的大多数机场，而能见度下降主要出现在我国的西部和北部。KOW（赣州黄金机场）、KHN（南昌机场）、HFE（在合肥机场）、SHE（沈阳机场）和 HRB（哈尔滨机场）全天呈现最大和最显著的正趋势，而 XNN（西宁机场）、URC（乌鲁木齐机场）、HET（呼和浩特机场）、LXA（拉萨机场）和 LJG（丽江机场）呈现最大和最显著的负趋势。在几个能见度呈负趋势的机场 14：00—17：00 期间的能见度没有变化，除此时段外，其他时段主要出现负趋势。尽管拉萨机场的能见度负趋势最为显著，但与大多数其他机场能见度呈负趋势不同，拉萨仅在 3 次（08：00、14：00 和 20：00）出现显著的能见度负趋势，其他时间基本没有变化。08：00、14：00 和 20：00 为所有机场的能见度专用。与同一机场不同时间的能见度相比，上述 3 次能见度在某些机场表现出相反或较小的变化。总的来说，一天中每小时能见度的变化是相同的，显示出相同的增加或减少。

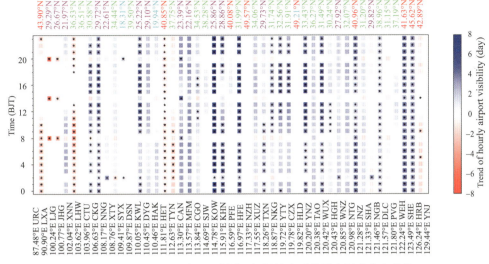

图 6-6　2010—2020 年 47 个国际机场的小时见度日内分布趋势

（机场沿 x 轴按经度从左至右排列，浅蓝色、粉红色、深绿色和红色分别代表位于 10°～19°N、

20°～29°N、30°～39°N 和 40°～49°N 之间的机场。星星代表统计上显著的趋势，$p<0.05$）

学者们指出，相对湿度、悬浮颗粒物、风速与机场能见度密切相关。颗粒由液体或固体组成，统称为颗粒物质。机场的颗粒物质主要来自飞机发动机排放，尤其是在起飞、爬升和巡航等高推力条件下。虽然颗粒物质的个别来源在大气中扩散时似乎消失了，但实际上它并没有消失，而是被稀释了。在这个过程中，不同来源的不同羽流融合成一种不寻常且均匀的烟雾，从而影响机场的能见度。另外，由于大多数无机盐具有吸湿性，附着在空气中悬浮颗粒上的水蒸气将形成水滴。随着大气相对湿度的增加，空气中的悬浮颗粒会吸收更多的水蒸气，然后它们的颗粒会通过碰撞和合并而增大，从而增加消光系数，导致能见度低的现象。此外，稳定的近地面逆温或等温分层使水蒸气和冷凝物难以扩散到高空或通过湍流输送到其他地区，这有利于低能见度的产生和维持。飞机造成的对流层下部机场水汽增加也可能对能见度和一些微物理过程产生次级影响。较低的风速使得机场上空的湍流混合强度较小，这使得更容易维持和产生雾和烟雾，而不容易消散。在寒冷季节，低能见度需要较低的地面风速，而在暖湿气流活跃的温暖季节，有大量降水的多风天气也可能导致能见度低。然而，在计算 2018—2020 年每小时能见度与 27 个气象要素之间的 Spearman 相关系数后，我们发现能见度和气象要素之间在所有机场的相关性均不显著（结果未显示）。这表明，虽然一些气象要素对机场能见度有更重要的贡献，但能见度的变化受到各种因素的更复杂的综合作用的影响，单个因素无法定量表征能见度特征。

机场能见度低的概率在清晨最高，下午最低，这得到了学者的支持。从下午到黄昏，能见度迅速下降，这可能是因为太阳落山后地面环境的比热容小，温度迅速下降，温度露点差减小，水蒸气凝结和相对湿度增加，所以能见度降低。

就月分布而言，所有机场在冬季和春季能见度较低，在夏季和秋季能见度较高，也与之前的研究结果相互印证。这主要是由于冬季大气分层稳定，不利于污染物扩散，而夏季和秋季有许多对流天气和降雨，有利于污染物的沉降和去除。由于寒冷季节对化石燃料的依赖，中国北方的空气污染比南方要严重，尤其是北京、天津、河北中南部、山东和山西。这与我们的研究结果相符。也就是说，上述地区的能见度明显低于其他北部地区，冬季能见度低于夏季。

我们在研究中发现，位于中国西部干旱地区的拉萨、西宁和乌鲁木齐的能见度在近十年有所下降，这可能与近十年这些地区的风速变化有关。中国干旱和半干旱地区的风与能见度之间存在高度相关性，因为风在很大程度上推动了该地区沙尘的变化。结合近年来拉萨和西宁的风速呈现积极趋势的研究，可以得出结论，拉萨和西宁近十年能见度的负趋势是风速增加导致的沙尘天气增加所致。

6.3.2　不同算法模型的预测表现

通过比较 9 个预测机场小时能见度的算法模型，我们发现基于随机森林算法的模型的表现最好。良好的预测性能、处理连续变量和分类变量的能力、不过度拟合数据的特性，以及减少模型偏差的能力，应该是随机森林算法模型获得最佳预测结果的原因。因此，由于无须特殊的参数设置即可获得更准确的预测结果，RF 方法具有更好的泛化能力，是一种更适合实际应用的可靠方法。

线性支持向量回归对参数和内核函数的选择很敏感。线性支持向量回归的性能主要取决于核函数的选择。因此，对于能见度预测等实际问题，根据不同机场的数据模型选择合适的核函数并构造支持向量机算法可能是提高预测结果的有效途径。因此，在不同机场使用相同的核函数可能会导致不同机场的预测结果存在很大差异。然而，在不同机场选择不同形式的核函数和参数时，需要引入更全面的气候、大气环境和下垫面特征知识，这在目前仍然是一个非常困难的实际问题。

K-最近邻算法的优点之一是它可以在没有太多调整的情况下获得良好的性能。在考虑使用更先进的技术之前，尝试基于 K-最近邻算法的模型是一种很好的基准测试方法。然而，对基于 K-最近邻算法、分类和回归树等算法的模型，数据预处理是非常重要的。如果适当地放弃计算速度并且增加诸如数据归一化之类的预处理步骤，则可以提高预测精度。

6.4　小　　结

总体而言，9 个基于算法的模型对每年 10 月至 12 月机场能见度的预测结果优于其他月份，5 月至 9 月的预测结果较差。在算法模型中，基于随机森林算法的机场逐小时能见度预测模型的预测性能最好。从整体预报结果来看，本预报系统能够普适于我国大部分机场，预报效果也较为准确。同时，研究针对不同区域性气候下的不同机场，能够找到相对最优预报模型。研究结果不但适应机场安全运行的要求，而且对机场的合理规划调度、飞行安全都有重大作用。

参 考 文 献

[1] 杨军，李子华，黄世鸿. 相对湿度对大气气溶胶粒子短波辐射特性的影响[J]. 大气科学，1999（2）：239-247.

[2] BOUDALA F S, ISAAC G A, CRAWFORD R W, et al. Parameterization of runway visual range as a function of visibility: implications for numerical weather prediction models[J]. Journal of Atmospheric and Oceanic Technology, 2012, 29(2): 177-191.

[3] REN J, LIU J, LI F, et al. A Study of ambient fine particles at tianjin international airport, China[J]. Science of the Total Environment, 2016, 556: 126-135.

[4] 杨瑜，丁文敏. 浦东机场低跑道视程变化特征及其影响机制分析[J]. 干旱气象，2016，34（5）：873-880. https://doi.org/10.11755 /j.issn.1006-7639(2016)-05-0873

[5] 陈九龄，仇欣，潘骏，等. 上海虹桥机场大气污染特征分析[J]. 环境监测管理与技术，2018，30（6）：39-43. https://doi.org/10.19501/j.cnki.1006-2009.20181109.006.

[6] MASIOL M, HARRISON R M. Aircraft engine exhaust emissions and other airport-related contributions to ambient air pollution: A review[J]. Atmospheric Environment, 2014, 95: 409-455.

[7] LIU P, ZHANG Y, WU T, et al. Acid-extractable heavy metals in PM2.5 over Xi'an, China: seasonal distribution and meteorological influence[J]. Environmental Science and Pollution Research, 2019, 26(33): 34357-34367.

[8] DING J, CUO L, ZHANG Y, et al. Varied spatiotemporal changes in wind speed over the Tibetan Plateau and its surroundings in the past decades[J]. International Journal of Climatology, 2021, 41(13): 5956-5976.

[9] DÍAZ-URIARTE R, ALVAREZ DE ANDRÉS S. Gene selection and classification of microarray data using random forest[J]. BMC Bioinformatics, 2006, 7(1): 3.

[10] ZIEGEL E R. The elements of statistical learning[J]. Technometrics, 2003, 45(3): 267-268.

第7章 机场飞行区道面冰雪预报及预警技术

7.1 引 言

近几年，沥青混凝土机场道面和旧水泥混凝土道面加铺沥青层在国内外各大型民用及军用机场中得到了广泛应用。沥青道面抗滑性能受区域宏观气象环境的作用影响较大，不良气象环境造成的道面积水、结冰、能见度低等状况，严重影响机场区域交通安全运营。恶劣天气对机场道面与场道飞机、车辆所构成微环境的"渗透"作用是导致道面抗滑性能降低的主要诱因。

邢小亮等根据研究需求及道面结冰过程中水分的存在形式，将道面分为雪泥道面、积雪道面、结冰道面 3 种。其中雪泥道面又分为薄冰+水混合道面和厚冰+水混合道面。根据冰层有无完全掩盖路表的宏观纹理，又将结冰道面细分为薄冰道面和厚冰道面。研究表明，干燥路面下，即当道面表面无冰层或水膜覆盖时，道面摩擦系数随所处微环境温度变化不大；摩擦系数维持在 0.58～0.72。此时，机场道面抗滑性能和行驶状况较好，飞机及各种场道作业车辆在道面能够正常运行，不易发生滑移、侧翻等极易引发机场区域交通安全事故的隐患。机场道面的雪泥状态表示道路表面水成分不仅包含冰层和水膜 2 种形态，同时存在少量有一定厚度的未融化的浮雪。因此，根据道面水成分的存在形态及厚度分为薄冰+水混合和厚冰+水混合道面。该状态下不仅具有道面结冰特征，且在冰层上方覆盖有雪层和部分融化的水分形成的水膜。薄冰+水混合机场道面的摩擦系数随水膜、冰层、积雪厚度的增加呈下降趋势，摩擦系数集中在 0.31 左右。这说明薄冰+水混合道面状态对行驶稳定性影响较大。其中，冰层厚度由 0.18 cm 降到 0.02 cm 时，道面摩擦系数由 0.2 上升至 0.64，此时道面抗滑性能状况明显改善，车辆行驶稳定性提升。厚冰+冰水混合道面摩擦系数均值在 0.16 以下，并随冰层厚度的增加逐渐降低。冰层厚度的增加对道面摩擦系数的衰变影响比较明显，此状态下厚冰+水混合道面上的行驶稳定性和安全性较薄冰+水道面更差，极易出现打滑或侧翻的危险，跑道、停机坪等道面上车辆或飞机轮毂与接触面附着力较小，不利于机场区域机动设施正常营运。积雪状态道面的摩擦系数均值在 0.43 左右，厚度增加造成摩擦系数出现整体下降趋势，且在积雪厚度达到 0.6 cm 左右时，道面摩擦系数由 0.46 骤降至 0.37。试验分析结果显示，积雪道面虽然仍不满足基本使用表面抗滑性能要求，但其道面的摩擦系数要优于雪泥状态道面。我们将结冰道面分为薄冰和厚冰道面，薄冰是指冰层没有完全掩盖路表的宏观纹理，轮胎橡胶依然可以嵌入路表；厚冰是指整个路面的原有纹理完全被冰层掩盖，路面纹理不再发挥作用，薄冰和厚冰并无具体的数值分界线。

以 2008 年年初我国大范围雨雪冰冻天气为例，此次雨雪冰冻天气影响范围广，涉及全国几十个机场，持续时间长，雨雪从 1 月 10 日持续到 2 月初；降雪强度大，武汉、合肥、南京的机场先后出现多次大雪，湖北省、湖南省的降雪更是百年一遇；冰冻强度大，1 月 10—31 日，共有 38 个机场因跑道积冰先后关闭一段时间，其中贵阳机场连续 13 日部分时段关闭。1 月由于雨雪天气造成 600 多个航班返航备降，8000 多个航班延误，3000 多个航班取消。可见，开展机场道面冰雪的提前预报、预警工作对机场空管、基地航司、航油、机场各保障单位共同研判天气，部署联合除冰雪工作，统一调配机场除冰资源，同时根据除冰雪情况，按照相对集中的原则，统筹安排航空器停机位，提升机位及航空器除冰雪效率，确保机位适用，提高廊桥利用率，提升航班放行正常率具有重要的指导意义和参考价值。

我们基于卫星、雷达、实时跑道路面监测、地面自动气象站等各类观测资料，结合精细化的下垫面地形地表信息，融合高时空分辨率数值模式资料预报产品，采用路面物理模型、经验统计或大数据分析等多种方法，开展道面冰雪状态精准预报技术研究，提供未来 30 h 预报时效 1 h 预报间隔，逐 3 h 更新周期，以及未来 2 h 预报时效 10 min 预报间隔，10 min 更新周期的道面温度和道面状态（干燥、潮湿、积水、混合、积雪、结冰）预报。

7.2 资料及方法介绍

7.2.1 模型及方法介绍

7.2.1.1 METRo 物理模型

我们使用 METRo 物理模型开展机场道面冰雪短期预报技术及产品研究。METRo 模型是加拿大气象局研制的路面温度及路面状态预报模型。该模型包括 3 个主要模块：道路表面的能量平衡模型、与道路材料有关的热传导模型，以及道路积水、积雪、积冰等状态计算模型。

1. 道路表面能量平衡模型

道路表面能量平衡模型中有 7 个变量贡献来源于大气，具体表达式为

$$R = (-\alpha)S + \varepsilon I - \varepsilon \sigma T_s^4 - H - L_\sigma E \pm L_f P + A \tag{7-1}$$

式中，R 是净太阳辐射、净长波辐射、感热、潜热、降水（雨雪）相态变化以及人为热的总和，单位为 $\mathrm{W \cdot m^{-2}}$；S 为入射的太阳辐射，单位为 $\mathrm{W \cdot m^{-2}}$；$\alpha(\%)$ 为地表反照率；$\varepsilon(\%)$ 为长波发射率；I、σT_s^4 分别为地表向下、向上的长波辐射，单位为 $\mathrm{W \cdot m^{-2}}$；H 为感热，单位为 $\mathrm{W \cdot m^{-2}}$；$L_\sigma E$ 为潜热，单位为 $\mathrm{W \cdot m^{-2}}$；$L_f P$ 为降水相态变化潜热项，单位为 $\mathrm{W \cdot m^{-2}}$；P 为降水速率，单位为 $\mathrm{m \cdot s^{-1}}$；L_f 为水的融化热容量，单位为 $\mathrm{J \cdot m^{-3}}$；A 为人为热，单位为 $\mathrm{W \cdot m^{-2}}$。

2. 土壤的热传导模型

使用一维热传导模型，计算土壤温度的廓线分布，具体公式为

$$C(z) = \frac{\partial T(z,t)}{\partial t} = \frac{\partial G(z,t)}{\partial z} \tag{7-2}$$

式中，C 为土壤热容量，单位为 $\mathrm{J \cdot m^{-2} \cdot s^{-1}}$；$T$ 为土壤温度，单位为 ℃；G 为土壤热通量，单位为 $\mathrm{J \cdot m^{-2} \cdot s^{-1}}$；$z$ 为土壤深度，单位为 m。

3. 道面积水/积雪模型

冰和水的积累和相态的改变受控于如下方程：

$$\frac{\mathrm{d}W_t}{\mathrm{d}t} = P - E + \frac{R - G_1}{L_f} - r \tag{7-3}$$

式中，G_1 为土壤第一层向下的热通量传导效率，单位为 $\mathrm{J \cdot m^{-2} \cdot s^{-1}}$；$r$ 为径向流速，单位为 $\mathrm{m \cdot s^{-1}}$；P 为降水速率，单位为 $\mathrm{m \cdot s^{-1}}$；E 为蒸发或升华速率，单位为 $\mathrm{m \cdot s^{-1}}$。

该模型中，辐射通量可以直接来自数值模式的预报输出，也可以根据云量的参数化得到。另外，METRo 模型包含一个观测资料与预报资料相耦合的局地偏差订正系统。该系统通过引入能量平衡的订正系数可以减小路面温度预报值与观测值之间的偏差。相比于其他路面温度及路面状态预报模型，METRo 模型运行灵活、安装方便，只需提供最少的道路信息，如站点位置、道路材料及厚度，就可以实现任意有路面温度观测的站点的路面温度及路面状态预报。目前，该模型在北美和欧洲许多国家的交通气象预报研究和业务中都有应用。近些年，随着道面冰雪精细化预报服务需求的提升，METRo 模型在国家级公共气象服务中心服务、河北冬奥高速公路示范站道面要素预报业务（曲晓黎等，2020），以及江苏省专业气象服务中得到广泛应用。

7.2.1.2 道面温度短临预报方法

我们使用功率谱分析方法研究路面温度的时间变化特征。1807 年，法国数学家傅里叶提出在有限时间间隔内定义的任何函数均可以用正弦分量的无限谐波的叠加来表示。功率谱分析是以傅里叶变换为基础的频域分析方法，其意义为将时间序列的总能量分解为不同频率上的分量，根据不同频率的方差贡献诊断出序列的主要周期，从而确定周期的主要频率，即序列隐含的显著周期。对于一个离散时间序列 x_t，可以根据式（7-1）直接使用傅里叶变换，也可以根据谱密度与自相关函数互为傅里叶变换的性质，通过自相关函数间接做出连续功率谱估计。

$$x_t = a_0 + \sum_{k=1}^{l} (a_k \cos wkt + b_k \sin kt) \tag{7-4}$$

最大滞后时间长度为 m 的自相关系数 $r(j)(j = 0,1,2,\cdots,m)$ 根据式（7-5）计算。

$$r(j) = \frac{1}{n-j} \sum_{t=1}^{n-j} \left(\frac{x_t - \bar{x}}{s} \right) \left(\frac{x_{t+j} - \bar{x}}{s} \right) \tag{7-5}$$

根据式（7-6）可以得到不同波数的粗谱估计值。

$$\widehat{s_k} = \frac{1}{m} \left[r(0) + 2 \sum_{j=1}^{m-1} r(j) \cos \frac{k\pi j}{m} + r(m) \cos k\pi \right], \quad k = 0,1,\cdots,m \tag{7-6}$$

式（7-4）～式（7-6）中，k 为波数，$\bar{x}$ 为序列均值，s 为序列的标准差，m 为最大滞后时间长度。最大滞后时间长度 m 是给定的，在已知序列样本为 n 的情况下，功率谱估计

随 m 的不同而变化。当 m 取较大值时，谱的峰值就多，但这些峰值并不表明有对应的周期现象，而可能是对真实谱的估计偏差造成的虚假现象。当 m 取太小值时，谱估计过于光滑，不容易出现峰值，难以确定主要周期。因此最大滞后长度的选取非常重要，一般取 $n/3$ 为宜。

使用红噪声标准谱检验来确定时间序列所隐含的显著周期。

$$s_{0k} = \bar{s} \left[\frac{1 - r(1)^2}{1 + r(1)^2 + 2r(1)\cos\dfrac{\pi k}{m}} \right], \quad k = 0, 1, \cdots, m \qquad (7\text{-}7)$$

式中，$\bar{s}$ 为 $m+1$ 个谱估计值的均值，即

$$\bar{s} = \frac{1}{2m}(s_0 + s_m) + \frac{1}{m}\sum_{k=1}^{m-1} s_k \qquad (7\text{-}8)$$

根据红噪声标准谱检验提取出原序列不同时间长度的显著周期函数，基于多元回归分析方法构建路面温度短临预报方程进行预测。显著周期函数的构建依据——均生函数模型为

$$\bar{x}_l(i) = \frac{1}{n_l}\sum_{j=0}^{n_l-1} x(i + jl), \quad i = 1, \cdots, l; \ 1 \leqslant l \leqslant m \qquad (7\text{-}9)$$

均生函数是由时间序列按一定的时间间隔计算均值而派生出来的。将均生函数定义域延拓到整个数轴上，即为周期性延拓。均生函数模型既可以做多步预测，又可以较好地预测极值，在长期天气预报和短期气候预测中的应用较为广泛。

7.2.2 使用资料介绍

7.2.2.1 观测资料

由于难以获取到机场道面及相关气象要素观测资料，我们通过中国气象局大数据云平台获取西安机场高速公路沿线两个交通气象站的观测资料。V0001 站、V0002 站海拔高度分别为 37.1 m、40.7 m，两个站均在 2018/2019 年和 2019/2020 年两个冬季有比较完整的逐小时观测资料。观测要素包含路面温度、气温、风速、风向、相对湿度等。由于难以维护等原因，目前多数交通气象站尚未使用称重式降水传感器，对于降雪等固态降水缺乏监测能力。因此，使用邻近国家站（57131 站，距 V0001 站 10.1 km，距 V0002 站 7.3 km）逐小时降水量近似替代。另外，还使用邻近国家站的日照时数等观测资料，用于确定交通气象站晴到多云天、阴天及雨雪天等不同天气类型。基于以上逐小时观测资料，研究高速公路冬季路面温度变化的主要特征。

为开展道面温度短临预报方法研究，通过中国气象局大数据云平台获取到两个交通气象站 2018/2019 年冬季逐 10 min 的路面温度观测资料（共 90 天，每个站有 12 960 个数据样本），用于高频滚动更新的路面温度短临预报方法研究。总体上，两个交通气象站在研究时段内的观测数据质量较好，仅 2018 年 12 月 30 日 07 时至 13 时时段以及个别时刻缺测。对于缺测时刻采用线性内插的方法对数据进行插补。根据逐 10 min 的观测资料计算表明，V0001 站路面温度的平均值和均方差分别为 3.31 ℃ 和 4.54 ℃，V0002 站路面

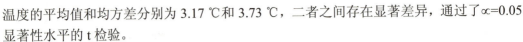

温度的平均值和均方差分别为 3.17 ℃和 3.73 ℃，二者之间存在显著差异，通过了∝=0.05 显著性水平的 t 检验。

在西安机场高速两个交通气象站路面温度短临预报试验的基础上，我们将该短临预报方法分别移植到北京、湖北和西藏 3 个不同气候区交通气象观测站点上，表 7-1 所列为 3 个交通气象站地理位置信息。通过 2021/2022 年冬季逐 10 min 滚动、逐 10 min 间隔的短临预报结果，进一步分析该路面温度短临预报方法在不同地区的适用性。

为了分析使用国家站降水量、日照时数等观测资料代替两个交通气象站的可能性和合理性，我们给出了国家站与两个交通站 2018/2019 年和 2019/2020 年两个冬季共 181 天逐日的气温和风速对比，见表 7-2 所列。该表表明，V0001 站的气温略高于国家站，日平均气温、日最高气温和日最低气温分别高于国家站 0.65 ℃、0.76 ℃、0.58 ℃。V0002 站的气温低于国家站，日平均气温、日最高气温和日最低气温分别低于国家站 1.19 ℃、1.03 ℃、1.35 ℃。上述气温的空间特征可能跟城市热岛效应及观测站局地环境有关。两个交通站日平均气温与国家站日平均气温时间序列之间的相关系数均达到 0.97 以上，其中 V0001 站气温与国家站气温的相关系数更高，达到 0.99。风速方面，两个交通站的日平均风速和日最大风速均低于国家站的风速。V0001 站的日平均风速和日最大风速分别低于国家站 0.77 m/s、1.00 m/s，与国家站日平均风速、日最大风速时间序列之间的相关系数为 0.95、0.95。V0002 站的日平均风速和日最大风速分别低于国家站 1.13 m/s、1.41 m/s，与国家站日平均风速、日最大风速之间的相关系数分别为 0.80、0.68。从以上气温和风速的对比分析来看，两个交通气象站与邻近国家站的平均气象状况较为相似，因此，可以使用国家站的日照时数和降水量观测近似代替交通气象站观测。

表 7-1 3 个交通气象站地理位置信息

站号	所属地区	所属公路	经度/°	纬度/°	海拔高度/m
A1412	北京昌平	西六环路（G4501）	116.11	40.13	75
Q0007	湖北恩施	沪渝高速（G50）	109.37	30.24	708
U1801	西藏拉萨	雅叶高速（G4218）	90.95	29.45	3610

表 7-2 2018/2019 年和 2019/2020 年冬季 57131 站和 V0001 站、V0002 站气温和风速统计表

站号	日平均气温		日最高气温		日最低气温		日平均风速		日最大风速	
	温度值/℃	相关系数	温度值/℃	相关系数	温度值/℃	相关系数	风速值/（m·s⁻¹）	相关系数	风速值/（m·s⁻¹）	相关系数
57131	3.22	—	3.61	—	2.83	—	2.05	—	2.62	—
V0001	3.87	0.99	4.37	0.99	3.41	0.99	1.28	0.95	1.62	0.95
V0002	2.03	0.98	2.58	0.98	1.48	0.97	0.92	0.80	1.21	0.68

7.2.2.2 数值模式预报数据

本研究道面冰雪短期预报技术中使用的数值模式预报资料来自 CMA-Meso 模式（原

GRAPES 区域中尺度数值预报系统，GRAPES-MESO）。CMA-Meso 自 2006 年业务化以来，不断升级改进，逐渐取代引进的数值模式系统，在日常天气预报中发挥着越来越重要的作用。

CMA-Meso 具备同化雷达、卫星等多种非常规观测资料的能力，能提供 0～84 h 预报时效的逐小时精细化高空及地面预报产品，其风场、温度场、水汽场较全球模式在时空分辨率上有明显优势，且随着动力框架和物理过程描述的改进，该模式输出的预报场资料的准确性也更高。该模式的核心部分是模式的动力框架以及经过优化选取和改进的物理参数化方案，其主要特点包括采用完全可压原始方程、静力平衡与非静力平衡可以开关式置换、半隐式半拉格朗日时间平流方案、经纬度格点的网格设计、水平 Arakawa-C 网格和垂直方向高度地形追随坐标等。CMA-Meso 模式水平分辨率已经达到千米级，现有的 CMA-Meso 模式拥有 10 km、9 km、3 km、1 km 等 4 种分辨率的模式预报产品，分别服务于"一带一路"合作国家沿线气象预报，台风、强对流和冬奥气象预报。相对于 10 km 的 CMA-Meso 预报模式，高分辨率版本的 CMA-Meso 模式在适合高分辨率模式的物理过程参数化方案组合选择调试、面向数值天气预报的全国雷达质量控制拼图系统，通过云分析系统融合全国三维组网反射率因子拼图，面向中小尺度系统的对流可分辨同化系统和陆面资料同化系统的建立等方面做了大量的技术集成与改进，实现了雷达径向风、风廓线雷达、FY-4A 成像仪辐射率、卫星云导风、卫星 GNSSRO、地面降水观测以及近地面资料等非常规局地稠密资料的同化应用与快速循环（莫丽萍等，2022）。批量试验结果表明：GRAPES_MesV4.0 降水 ETS 评分普遍提高，同时预报偏差明显降低，月平均降水更接近实况，且能够较好地刻画雨带细节；2 m 温度预报偏差有较为显著的改善，大部分地区 24 h 预报有 1～2 ℃ 的降低，有些地区有 3～5 ℃ 的降低；GRAPES_MesV4.0 对高度场、温度场和风场的改进效果比较显著，500 hPa 的温度、风速、位势高度场的相关系数均有显著提高，850 hPa 的均方根误差也明显降低，整体性能明显高于 GRAPES_MesV3.0。

机场道面冰雪短期预报研究中使用 3 km 版本的 CMA-Meso 数值预报模式产品，预报要素涵盖 2 m 气温、2 m 风速、2 m 相对湿度、降水量、降水相态、地表气压，以及总云量。上述格点预报产品通过双线性插值法插值到西安机场临近交通气象所在沥青地表道路位置。降水相态产品包含 4 种降水类型：降雨、降雪、冻雨和冰粒。

7.2.2.3 雷达分钟降水预报数据

我们使用的短临降水预报产品来自中国气象局公共气象服务中心自主研发的灾害天气短时临近预报系统——全国雷达分钟降水预报系统。该系统以全国实时气象雷达、气象卫星数据和地面分钟降水观测资料为基础，基于气象学原理，以快速循环为理念，应用人工智能技术，通过并行计算和大数据处理技术加工形成。产品包含时间尺度上未来 2 h 精细到 5 min、空间尺度上精细到街道的降水预报信息。全国雷达分钟降水预报主要利用雷达观测资料对地面降水进行估计，并进行分钟级预报。通过加工未来 2 h 内每 5 min 间隔的回波外推产品和降水估计产品，采用多线程技术和 ActiveMQ 消息中间件技术保证系

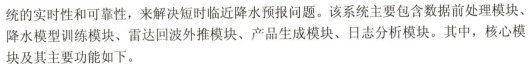

统的实时性和可靠性，来解决短时临近降水预报问题。该系统主要包含数据前处理模块、降水模型训练模块、雷达回波外推模块、产品生成模块、日志分析模块。其中，核心模块及其主要功能如下。

（1）数据前处理模块。该模块主要获取全国所有业务运行的 200 部雷达的基数据资料，并加工为含 21 层数据的雷达等高平面位置显示（CAPPI）产品。

（2）降水模型训练模块。该模块主要通过机器学习方法，利用 2014—2020 年有完整观测的 200 部雷达的观测历史基数据资料和地面观测站的历史分钟降水资料，根据 Z-R 关系法估测降水，建立模型确定雷达反射率因子和地面降水量之间的关系。

（3）雷达回波外推模块。该模块主要以数据前处理模块加工生成的 CAPPI 产品数据作为输入，利用计算机视觉中的光流法，综合雷达回波时空梯度守恒与环境风场散度项平衡，使用雷达三维回波数据，针对 1 km～21 km 高度层，以 1 km 水平分辨率和 500 m 高度间隔建立实时外推方案，可以 6 min 滚动外推未来 2 h 的 5 min 间隔雷达回波。利用多线程技术可实现 3 s 内对单站三维雷达回波未来 24 h 的外推，相邻 2 个时效外推的回波与实际回波的误差在 1～5 dBZ。

7.3 道面冰雪预报及效果检验

7.3.1 道面冰雪短临预报及效果检验

我们采用基于时间序列特征提取和基于向量机模型的两种方法开展道面温度短临预报试验，同时结合雷达分钟降水预报，使用经验指标判别法进行道面干燥、潮湿、积雪、混合、积雪、结冰、霜等状态预报。

7.3.1.1 基于时间序列特征提取的道面温度和道面冰雪短临预报技术

1. 预报技术流程

根据以往的观测资料分析，路面温度变化与气温变化相似，本身具有明显的日变化等周期性特征，因此我们主要基于时间序列本身特征的提取来构建路面温度短临外推预报模型。主要研究技术路线如图 7-1 所示。

我们基于交通气象站逐分钟的路面温度时间序列，提取整 10 min 时刻值，构建新的时间序列，每个站有 12 960 个数据。通过气候极限值控制等策略对逐 10 min 时间序列进行数据质量控制。针对 V0001 站和 V0002 站时间序列中缺测较少的时刻值，采用线性内插方法进行插补，对于较长时间段的缺测值，采用前后各 2 天的平均值取代。总体上，两个交通气象站观测数据质量较好，我们的研究预报时段内仅有 2018 年 12 月 30 日 07 时至 13 时时段以及个别时刻缺测。使用 7.2 节中介绍的功率谱分析方法研究路面温度的时间变化特征，使用红噪声标准谱检验来确定时间序列所隐含的显著周期并提取出原序列不同时间长度的显著周期函数，基于多元回归分析方法构建道面温度短临预报方程进行预测。

　　针对 V0001 和 V0002 两个交通站点，自 2018 年 12 月 1 日 00 时开始，使用自当前时刻前 3 天逐 10 min 的路面温度观测数据（共 432 个样本）构建预测模型，预测未来 6 h 逐 10 min 间隔的路面温度。该预报系统随观测数据更新，逐 10 min 滚动预报。2018—2019 年冬季共开展 12 384 组滚动预报试验，预报前 6 h 间隔 10 min 的路面温度，并根据实测结果进行检验。

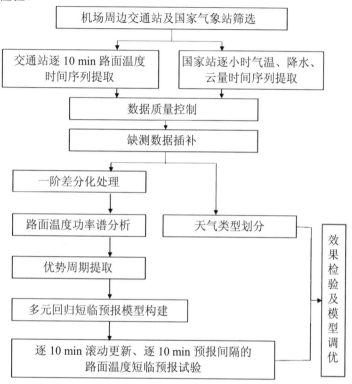

图 7-1　基于时间序列特征提取的道面冰雪短临预报技术路线

2. 预报效果检验

（1）样本数影响试验

　　我们以过去一段时间内路面温度时间序列周期特征分析为基础构建预报模型，理论上样本数越多，模型对路面温度变化规律刻画得越详细，预测结果越准确。但同时，样本量越大，计算量也越大。基于观测数据的模型构建，对于数据质量和完整性也有较高的要求。交通气象站由于缺乏维护，数据质量较一般气象观测站低，数据缺测以及数据异常的现象较为普遍，需要通过数据质量控制以及数值插补措施来提高数据应用效果。如果样本量过大，数据预处理的工作量也相应增加。为了了解样本数多少对于路面温度预报效果的影响，分别使用前 3 天（样本数为 432）、前 4 天（样本数为 576）、前 5 天（样本数为 720）的逐 10 min 路面温度观测数据构建模型，对比路面温度的预报效果，结果如图 7-2 所示。从图中可以看出，对于两个交通气象站，前 2 小时内样本数增加对于路面温度预报效果均没有明显的影响。V0001 站，前 1 小时样本数增加，对预报效果具有正的作用，但改进的效果很不明显。1 小时以后，样本数越多，预报误差反而越大。随着预报时效的增加，预报误差随样本数增加的程度更大。V0002 站，前 4 小时内，预报效果随样本数的增加有略微的提高，第 5 和第 6 小时预报时效内，样本数对预报效果的影响表现不稳定，使用 576 个样本起到正的作用，但使用 720 个样本起到负的作用。因此，本文预报试验统一使用自当前时刻开始前 3 天（432 个样本）逐 10 min 的观测数据进行建模。

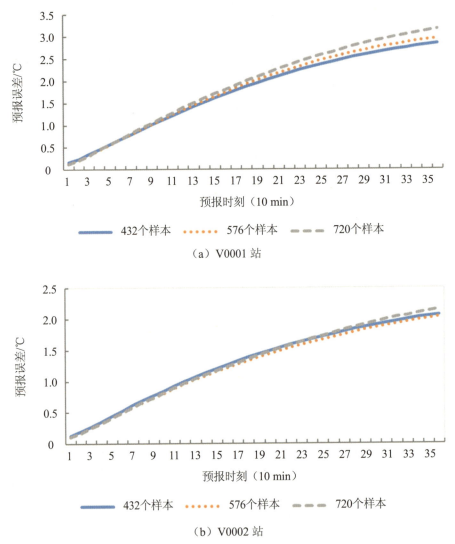

图 7-2　样本量对预报效果的影响

（2）总体预报效果分析

根据对国家气象站观测数据的统计，我们的研究时段内共有 10 个雨雪天，28 个晴天，52 个阴天或多云天。我们分别统计上述 3 种天气类型下路面温度的总体预报效果。由于 V0003 站仅有一个月数据统计，雨雪天较少，因此只给出 V0001 站和 V0002 站的结果（图 7-3）。

3 个交通气象站 6 h 预报时效内逐 10 min 的预报效果,准确率的统计分为 0 ℃以下和 0 ℃以上。如果观测和预报符号一致,认为是正确的,否则记为错误。V0001 站、V0002 站、V0003 站路面温度预报绝对误差均随预报时效明显增加,但在最初的几个小时内预报效果较好。3 个站分别在 90 min、120 min、140 min 内的预报绝对误差低于 1 ℃,200 min、330 min、360 min 内的预报绝对误差低于 2 ℃。3 个站路面温度预报准确率随预报时效均有所下降。总体上,0 ℃以上的路面温度预报准确率均高于 0 ℃以下的预报准确率,360 min 内 0 ℃以上预报准确率均高于 90%。但对于 0 ℃以下的情况,该预报系统预报准确率在 6 h 预报时效内下降迅速,从前 10 min90%以上下降到 360 min 时刻的 50%左右。但在最初 1 h 内,3 个交通气象站 0 ℃以下路面温度预报准确率均在 80%以上。

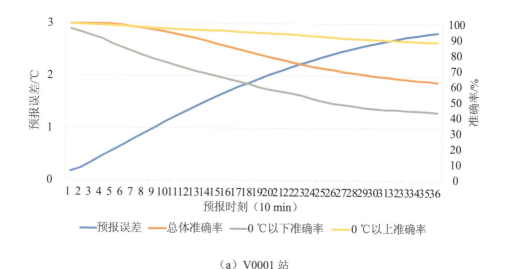

（a）V0001 站

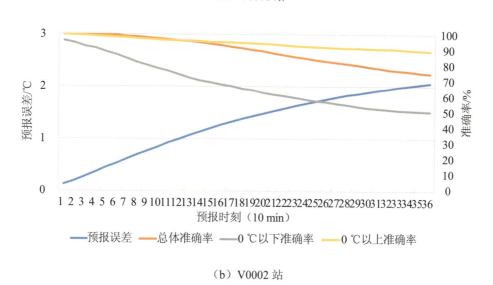

（b）V0002 站

图 7-3 V0001、V0002 交通气象站路面温度的总体预报效果

从图 7-4 所示的不同天气类型下的路面温度预报误差比较可看出，预报最初时刻，3 种天气类型预报效果接近，预报绝对误差均不足 0.1 ℃。随着预报时效的增加，3 种天气类型下预报误差均有明显的增长，晴天增长得最快，阴天或多云天次之，雨雪天增长较为缓慢，这可能跟雨雪天路面温度本身变率较小有关。

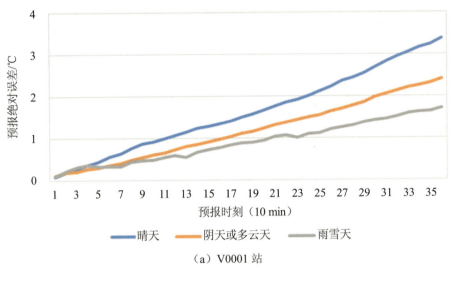

（a）V0001 站

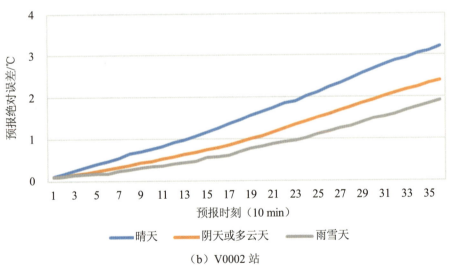

（b）V0002 站

图 7-4　不同天气类型下路面温度预报误差

由于路面温度存在明显的日变化特征，一天当中不同起报时间点的路面温度预报效果也表现出不同的特征（图 7-5）。两个交通气象站 1 h 和 2 h 时效内的预报绝对误差结果均显示，起报时刻为白天时段的路面温度预报误差总体较大，起报时刻为夜间时段的路面温度预报误差总体较小。V0001 站夜间时段起报的 1 h 路面温度预报绝对误差在 0.19～0.47 ℃，白天时段起报的路面温度预报绝对误差在 0.25～0.83 ℃。V0002 站夜间时

段起报的 1 h 路面温度预报绝对误差在 0.16～0.36 ℃，白天时段起报的路面温度预报绝对
误差在 0.18～0.72 ℃。图 7-5 所示也表明，路面温度短临预报误差随预报时效增加快速
增长。V0001 站夜间时段起报的 2 h 路面温度预报绝对误差在 0.50～1.23 ℃，白天时段
起报的路面温度预报绝对误差在 0.63～2.46 ℃。V0002 站夜间时段起报的 2 h 路面温度
预报绝对误差在 0.39～0.97 ℃，白天时段起报的路面温度预报绝对误差在 0.40～
1.97 ℃。

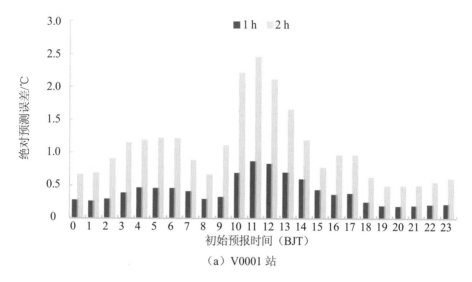

（a）V0001 站

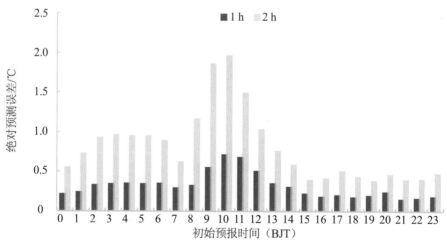

（b）V0002 站

图 7-5　不同起报时间路面温度预报误差

（3）典型雨雪过程预报效果分析

为了更清楚地了解该预报系统对冬季雨雪过程路面温度的预报效果，我们分析了
V0001 站、V0002 站 2018 年 12 月 27 日和 2019 年 2 月 17 日的雨雪天气过程。如图 7-6
所示，2018 年 12 月 27 日的降雪主要发生在中午及午后时段。降雪发生前三天，路面温度

和气温均高于 0 ℃，且呈现规律的日变化；26 日夜间开始，温度开始明显下降；27 日上午时段，温度仍一直维持下降态势，并未出现前日的白天温度升高，中午达峰值状态的趋势，13 时开始出现间歇性的阵雪天气。依赖于前期温度变化外推的预报模型在最初 1 h 内路面温度预报值与观测值较为接近，但随后，预报的路面温度开始呈现增加状态。从第三个小时，预报趋势调整为下降趋势，预报值明显高于实况观测值。但从 12 时和 13 时滚动预报的结果最初 2 h 内与观测非常接近，说明该预报系统根据最新的观测结果已经自动识别了路面温度最新的变化趋势，并对预报系统和预报结果进行了快速调整。

如图 7-7 所示，2019 年 2 月 17 日的降雪发生在夜间 20 时以后，此时段温度一般是下降的趋势。对于 V0001 站，前三天路面温度和气温已经开始整体呈现出下降的趋势，因此自 17 日 19 点的短临预报取得了较好的预报效果，之后滚动更新的预报也比之前更加精准。V0002 站前期温度总体下降不明显，但模型对于夜间温度的变化趋势把握得较好，在前 2 h 预报的结果跟实况非常接近。之后的预报误差较大，跟实况表现出相反的变化趋势，这可能跟前三天该时段路面温度变化趋势不稳定有关系。

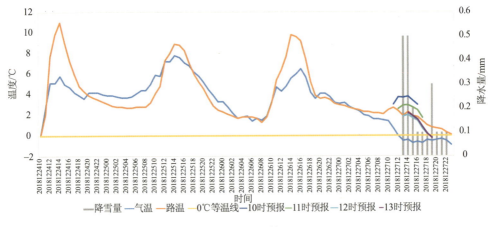

（a）V0001 站

（b）V0002 站

图 7-6　2018 年 12 月 27 日降雪过程路面温度预报

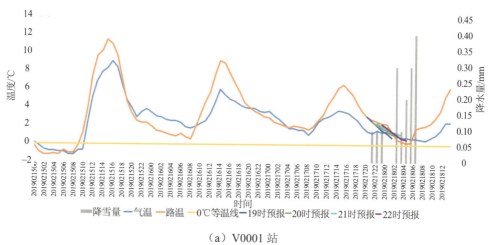

（a）V0001 站

（b）V0002 站

图 7-7　2019 年 2 月 17 日降雪过程路面温度预报

　　为了进一步检验该预报方法的预报性能，我们挑选 2022 年年初发生的两次降雪过程开展预报效果分析。如图 7-8 所示为 2022 年 2 月 6 日及 2 月 18 日逐 3 h 降水和气温的分布。2 月 6 日降水从早上 08 点开始持续到夜间 23 点左右，由于气温一直维持在 0 ℃以下，降水相态以雪为主。夜间 20 点左右，气温上升至 0 ℃附近，降雪转为雨夹雪。2 月 18 日降水从凌晨 05 点开始持续到夜间 23 点左右。中午 14 点以前，气温低于 0 ℃，以降雪为主，14 点以后，气温升高到 0 ℃以上，转为雨夹雪。

　　如图 7-9 和图 7-10 所示为西安机场 2022 年 2 月 6 日路面温度和路面状态短临预报结果。路面状态预报中 0 代表干燥状态，1 代表潮湿状态，2 代表冰雪状态。尽管两次过程气温都较低，但从交通气象站实测资料来看，路面温度在整个降雪过程中均高于 0 ℃。对于两次降雪过程，上述短临预报方法均能够较好地预报路面温度的变化趋势和变化幅度。时间提前量越大，路面温度预报误差越大。提前 20 min 路面温度预报效果明显优于提前 40 min 和提前 1 h 的预报效果。从路面温度实测曲线和预报曲线的对比来看，预报的路面温度峰值较实测值有所滞后，随着时间的临近，滚动更新的预报峰值在强度和时间上逐渐趋于实况值。另外，两次降雪过程夜间低温时段，路面温度预报值均略高于实况值。

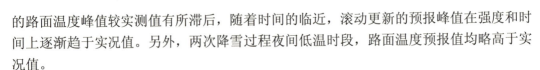

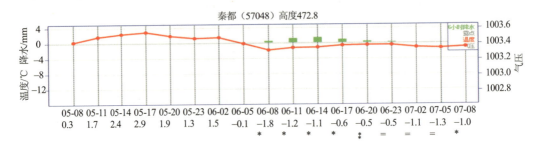

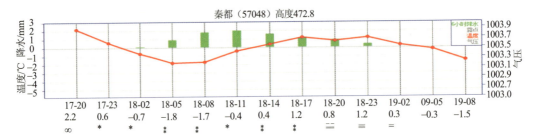

图 7-8　2022 年 2 月 6 日（上）和 2 月 18 日（下）逐 3 h 降水及气温分布

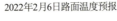

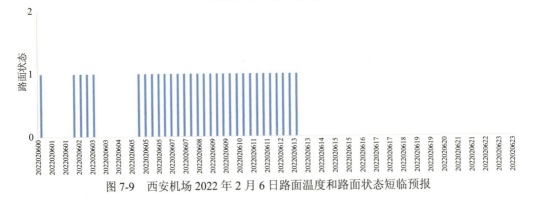

图 7-9　西安机场 2022 年 2 月 6 日路面温度和路面状态短临预报

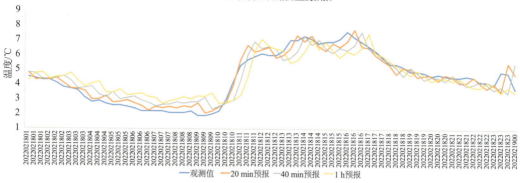

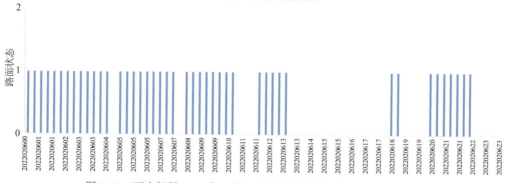

图 7-10　西安机场 2022 年 2 月 18 日路面温度和路面状态短临预报

由于两次降雪过程，路面温度均较高，最低路面温度都在 2 ℃以上，2022 年 2 月 6 日、2 月 18 日的最高路面温度分别为 5 ℃、8 ℃左右。使用本项目道面冰雪预报方法，结合雷达分钟降水预报结果预测西安机场两次降雪过程道面状态均以潮湿为主，可能出现雪水混合状态，但不会出现纯固态冰雪状态。后续如能获取机场道面状态实际观测资料，将进行更加深入的预报效果分析。

7.3.1.2　基于支持向量机模型的道面温度和道面冰雪短临预报技术

1. 预报技术流程

考虑到西安机场暂无道面温度和道面状态观测数据，为了适应无观测现状以及未来模型的可推广和应用性，采用机器学习方法（支持向量机）基于影响道面温度变化的气象要素构建道面温度短临预报模型，并结合雷达分钟降水预报，开展道面冰雪短临预报研究。基于机器学习方法的道面冰雪短临预报主要研究技术路线如图 7-11 所示。

首先，基于距离机场最近的交通气象站 V0003（建模站）2018—2019 年的逐分钟气温、相对湿度、风、降水、能见度等要素构建数据集，按照 4∶1 的比例确定模拟样本和检验样本，并在模拟过程中使用 5 折交叉验证法。其次，根据路面温度存在小时周期振荡特征，通过选取不同时间跨度多指标、多维度效果评价因素（相关系数、平均偏差、绝对误差、绝对百分比误差等）确定模型最佳时间跨度和最佳参数，建立 2 h 的路面温度短临预报模型，同时，开展模型方法的预报试验和可移植性评价，并结合雷达分钟降水预报，进行道面干燥、潮湿、道面冰雪等状态预报。

由于交通气象站 V0003 在 2020 年以后数据缺测现象十分严重，而 V0002 站的数据质量较好，因此，将模型方法在 V0002 站（非建模站）进行移植，实现 2 h 外推，20 min 间隔的实时运行。

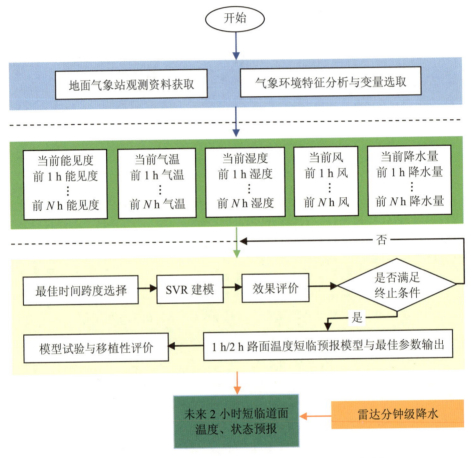

图 7-11　基于机器学习方法的道面冰雪短临预报技术路线

2. 预报效果检验

图 7-12 所示为 V0003 站基于机器学习方法的冰雪短临预报模型独立效果检验结果。从图中可以看出，模型外推 1 h 和 2 h 的路面温度预报效果与实况结果相关系数都达到 0.997，平均偏差在 0.6 ℃左右，绝对百分比误差在 10%～12%，这说明模型对路面温度的预报结果与实况接近，效果很好。此外，低于 4 ℃以下的路面温度的预报绝对偏差在 0.45 ℃左右，绝对百分比误差在 45%～47%，而对于高于 36 ℃的路面温度的预报误差绝对偏差在 1.2 ℃左右，绝对百分比误差在 2.6%～2.8%，这进一步说明该方法对于路面低温和路面高温的预报效果也非常好，表明采用机器学习方法（支持向量机）基于影响道面温度变化的气象要素构建道面温度短临预报模型是一种可行的思路。

表 7-3 所列为 V0002 站（非建模站）2018—2019 年低于 4 ℃的路面温度预报回算误

差结果。低于 4 ℃的路面温度 1 h 和 2 h 的预报绝对误差均在 1.7 ℃左右，绝对百分比误差在 55%左右。可见，该方法移植后误差较本站建模误差变大。

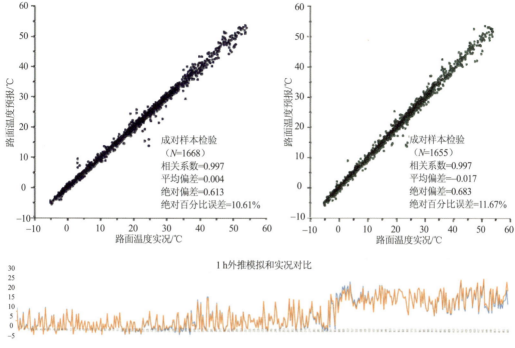

图 7-12 V0003 站路面温度短临预报模型独立检验效果评价

表 7-3 V0002 站（非建模站）2018—2019 年历史回算误差

路面温度≤4 ℃	样本量	绝对误差/℃	绝对百分比误差
1 h 预报	18 399	1.77	56.53%
2 h 预报	18 466	1.75	55.27%

从表 7-4 可见，除 16—18 日 1 h 的 4 ℃以下路面温度预报的绝对误差在 2 ℃左右，略大外，其他的绝对误差都在 1.4 ℃左右。从图 7-13 和图 7-14 给出西安机场 2 次降雪过程的路面温度预报和实况对比来看，模型的路面温度预报与实况变化趋势较一致，预报结果整体较实况略偏低，这表明方法具有一定的移植性。后续可通过本站实况路面温度拟合订正模型预报误差，或者利用本站要素重新建模实现预报效果的改进。

表 7-4 V0002 站（非建模站）2 次过程预报结果误差

时间	路面温度≤4 ℃	绝对误差/℃	绝对百分比误差
2 月 5—7 日	1 h 预报	1.38	41.46%
	2 h 预报	1.28	39.41%
2 月 16—18 日	1 h 预报	2.07	63.58%
	2 h 预报	1.42	43.78%

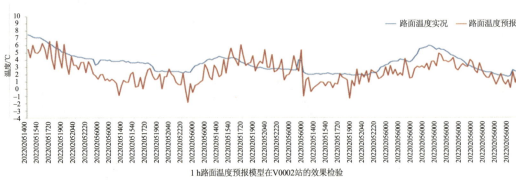

1 h 路面温度预报模型在V0002站的效果检验

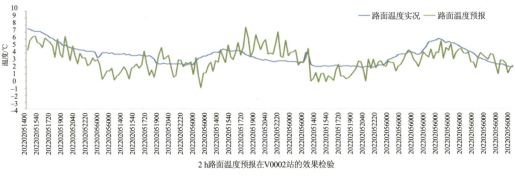

2 h 路面温度预报在V0002站的效果检验

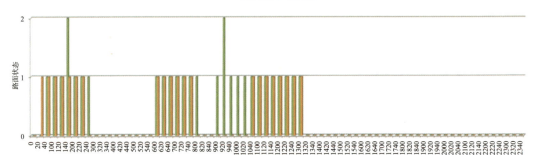

图 7-13　2022 年 2 月 5—7 日路面温度和 6 日路面状态短临预报

2 h 路面温度预报模型在V0002站的效果检验

图 7-14　2022 年 2 月 16—18 日路面温度和 18 日路面状态短临预报

图 7-14　2022 年 2 月 16—18 日路面温度和 18 日路面状态短临预报（续）

利用机器学习方法的道面冰雪预报方法，结合雷达分钟降水预报结果预测西安机场两次降雪过程，由于预报的路面温度较实况偏低，所以 6 日凌晨以及 18 日凌晨至 08 时左右，道面状态以冰雪状态为主。

7.3.2　道面冰雪短期预报技术

7.3.2.1　道面冰雪短期预报技术方案

我们使用 7.2.1 节中介绍的 CMA-Metro 模型开展道面冰雪短期预报。该模型的输入包含 3 部分，大气预报部分的输入（包括 2 m 气温、2 m 露点、10 m 风速、云量、辐射量、降水量、降水相态、地面气压）、实时观测资料的输入（2 m 气温、2 m 露点、10 m 风速、降水量、路面温度、路基温度、路面状态），以及路面材料（沥青、岩石、混凝土、砂土等）、站点类型（桥面或路面）、经纬度等信息。道面冰雪短期预报系统预报时效为 48 h，预报间隔为 1 h。

7.3.2.2　道面冰雪短期预报效果分析

使用 7.2.2 节中介绍的 CMA-meso 模式预报资料作为大气预报部分输入开展道面冰雪短期预报试验。以西安机场附近 V0001 站为例，选取 2018 年 12 月 27 日的降雪过程开展道面冰雪短期预报试验。从如图 7-15 所示的本次过程中降水量及温度变化情况可以看出，北京时间 2018 年 12 月 27 日 13 时左右开始下雪，当日 20 时结束。根据国家气象站观测资料，天空云量白天维持在 100%，天气现象以间歇性小雪为主，最大小时降雪量为 0.4 mm。夜间 02 时左右，交通气象站观测的路面温度和气温差别不大，均接近 3 ℃。但随后气温和路面温度均呈明显下降趋势，且气温下降的幅度明显大于路面温度。降雪开始时段，气温已经降至 0 ℃以下，但路面温度仍较高，28 日凌晨 01 时左右降至 0 ℃以下。

自北京时间 2018 年 12 月 27 日 01 时开始，每 3 小时开展一次预报试验，共 8 次（北京时间：01 时、04 时、07 时、10 时、13 时、16 时、19 时、22 时，对应世界时间分别为 26 日 17 时、20 时、23 时、27 日 02 时、05 时、08 时、11 时、14 时），预报未来 48 小时路面温度和路面状态。总体上模型对于夜间的路面温度变化预报效果较好，但是对于白天路面温度明显偏高，可能跟模型中云-辐射之间关系的参数化方案有关。另外，从图 7-16 所示可以看出，在给定的模型参数的情况下，不同起报时间预报的路面温度结果差异不大。

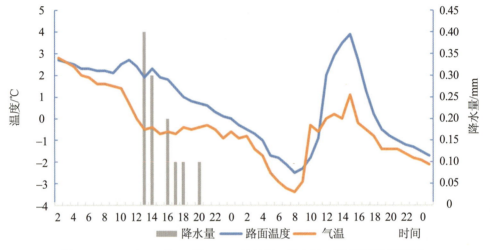

图 7-15　2018 年 12 月 27 日 V0001 站气温、降水量、路面温度时间变化

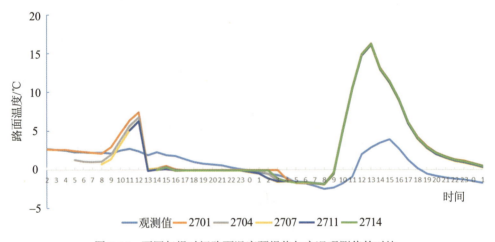

图 7-16　不同起报时间路面温度预报值与实况观测值的对比

7.3.2.3　人为热释放参数影响试验

人为热是指由于人类生产、生活活动所产生的热量。对于城市周边及交通枢纽地段，人为热是一个重要的地表能量，与气温和辐射等因子一样对路面温度有较大影响。在

METRo 物理模型中，人为热释放包括汽车轮胎与路面摩擦产生的热能，以及汽车排放等，既包括实际人为热，还包括对模型系统性误差的订正。模型中默认的人为热释放的值为恒定值 10 W/m²。如图 7-17 所示为 METRo 道面冰雪预报模型。

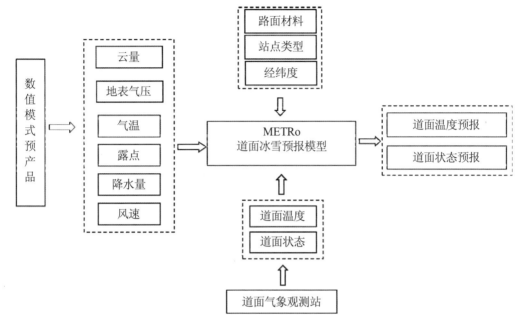

图 7-17 道面冰雪短临预报方案

为考察模型中人为热参数的影响，我们开展了人为热参数对道面温度及道面状态预报准确率影响的敏感性试验。以交通气象站实际观测的 2 m 气温、2 m 露点、降水量和 10 m 风速作为 METRo 模型大气部分的输入。由于交通气象站观测要素有限，根据 7.2.2 节的分析，国家气象站观测资料在邻近交通气象站具有较好的代表性，因此使用国家气象站 57131 站观测的云量和地表气压观测值代替交通气象站。进入道面的辐射通量根据云量的参数化得到。同时进入 METRo 预报模型的还有交通站所属道路的相关属性，包括路面材料（沥青、岩石、混凝土、砂土等）、站点类型（桥面或路面）、经纬度等说明。

根据北京回龙观站已有研究，公路沿线人为热释放的值具有明显的日变化特征，早晚高峰时段达到最高值。对模型中的人为热释放参数进行动态调整（表 7-5），开展路面温度预报试验。从图 7-18 所示可以看到，调整人为热参数后，路面温度预报结果发生了较大的变化，对于原来白天路面温度预报较高的现象有了一定的改善作用，但对于夜间，路面温度预报误差值比原来增加。要获取更加合理的路面温度预报，后续将采取更加完善、合理的参数化方案，开展更多的敏感性试验。

表 7-5 人为热释放值调整方案

时间	08 时	09 时	10 时	11 时	12 时	13 时	14 时	15 时	16 时
FA0	10	10	10	10	10	10	10	10	10
FA1	80	30	−20	−70	−120	−70	−20	30	80

图 7-19 中纵坐标中的 1 代表干燥路面，2 代表潮湿路面，3 代表冰雪路面，4 代表雪水混合路面，5 代表露水路面，6 代表融雪路面。从图 7-19 可以看出，27 日 13 时以前，无降水发生，路面维持干燥状态，13 时开始降雪，路面状态发生变化，尽管模型对于路面温度预报值存在明显的高估现象，但温度均高于 0 ℃，模型预报的路面状态以融雪路面为主。16 时以后，FA0 试验中路面温度下降至 0 ℃以下，路面状态由融雪状态转为混合状态，22 时左右转为冰雪状态，一直维持到 28 日 08 时左右。FA1 试验中，由于预报的路面温度明显偏高，模型预报的路面状态自 27 日 20 时降雪结束后至 21 时维持短暂的潮湿状态，22 时即转为干燥状态。

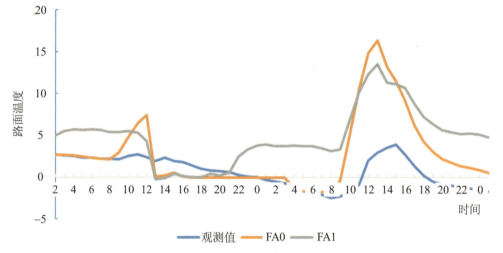

图 7-18　不同人为热释放参数下路面温度预报

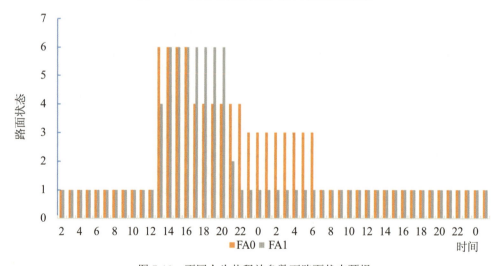

图 7-19　不同人为热释放参数下路面状态预报

7.4 小 结

根据路面温度本身序列特征进行的短临外推预报方法对于 2018 年 12 月 1 日至 2019 年 2 月 28 日检验时段内 12 960 组预报试验均具有很好的路面温度预报效果,所有样本前 3 h 平均预报绝对误差低于 1.5 ℃,1 h 预报时效内平均预报绝对误差低于 0.6 ℃。晴天路面温度预报效果一般低于阴天或雨雪天。针对 4 次典型雨雪过程的效果检验表明,该预报方法能够较好地预报出降雪不同阶段路面温度的变化趋势和变化幅度;随着时间的临近,滚动更新的预报更加接近于实况值。由于统计方法自身的缺陷,预报系统对 3 h 以后的预报效果迅速降低。

采用机器学习方法,利用对路面温度产生影响的气象观测资料构建的道面冰雪短临预报模型,不依赖于路面温度的观测限制,方法预报误差很小,低于 4 ℃以下的路面温度的预报绝对偏差在 0.45 ℃左右,绝对百分比误差在 45%～47%左右,模型可移植到临近区域,但预报误差会有所增大,低于 4 ℃以下的路面温度的预报绝对偏差在 1.7 ℃左右,绝对百分比误差在 50%左右。

典型降雪过程个例分析表明,基于地表能量平衡的道面模型能够较好地预报未来 48 h 道面温度的变化趋势,但对于白天道面温度存在较大的误差,后续需要对模型的参数化方案进行进一步的调整,以适应当地的道路特点。由于缺乏道路状态观测资料,道路状态的预报目前尚未开展检验。

参 考 文 献

[1] 游庆龙,赵胜前,罗志刚,等. 机场复合式道面力学响应敏感性分析[J]. 公路交通科技,2021,38(1):50-58.

[2] 谌偲翔. 机场道面沥青加铺层受力特性与裂缝修复研究[D]. 南京:东南大学,2018.

[3] 汤新民,吴淼,高尚峰,等. 机场场面多传感器多轴向感知信号的融合方法[J]. 交通信息与安全,2016,34(2):17-24.

[4] AHMMED M A, TIGHE S. Concrete pavement surface textures and multivariables frictional performance analysis:a North American case study[J]. Canadian Journal of Civil Engineering, 2008, 35(7): 727-738.

[5] 邢小亮,王孝存,张昱,等. 不良气象微环境对机场道面抗滑性能影响分析[J]. 交通信息与安全,2022,40(1):80-88.

[6] 罗忠红. 低温雨雪冰冻灾害天气对航空运输影响的综合分析[J]. 空中交通管理,2008,5:28-31.

[7] 冯蕾,王晓峰,何晓凤,等. 基于 INCA 和 METRo 的江苏省路面高温精细化预报[J]. 应用气象学报,2017,28(1):109-118.

[8] 曲晓黎,齐宇超,尤崎,等. 基于 METRo 模型的冬奥高速公路示范站路面温度临近预报方法[J]. 干旱气象,2020,38(3):497-503.

[9] 常蕊，朱蓉，柳艳香，等. 基于均生函数的风电场短临预报模型[J]. 气象，2013，39（2）：226-233.

[10] 冯蕾，魏凤英，朱艳峰. 基于前春对流层温度和北大西洋涛动的中国夏季降水统计预测模型[J]. 大气科学，2011，35（5）：963-976.

[11] 徐枝芳，郝民，朱立娟，等. GRAPES_RAFS 系统研发[J]. 气象，2013，39（4）：466-477.

[12] 黄丽萍，陈德辉，邓莲堂，等. GRAPES-Meso 4.0 主要技术改进和预报效果检验[J]. 应用气象学报，2017，28（1）：25-27.

[13] 许晨璐，王建捷，黄丽萍. 千米尺度分辨率下 GRAPES-Meso 4.0 模式定量降水预报性能评估[J]. 气象学报，2017，75（6）：851-876.

[14] 李泽椿，毕宝贵，金荣花，等. 近 10 年中国现代天气预报的发展与应用[J]. 气象学报，2014，72（6）：1069-1078.

[15] 沈学顺，王建捷，李泽椿，等. 中国数值天气预报的自主创新发展[J]. 气象学报，2020，78（3）：451-476.

[16] 黄丽萍，邓莲堂，王瑞春，等. CMA-MESO 关键技术集成及应用[J]. 应用气象学报，2022，33（6）：641-654.

[17] 丁劲，张国平，高金兵，等. 全国雷达分钟降水方法在面雨量预报上应用的检验——以巢湖为例[J]. 安徽农业科学，2021，49（17）：221-225，229.

第8章 机场飞行区特殊气象安全评估与主动防范技术

8.1 引　　言

雷暴、低能见度、强风切变和道面冰雪等特殊气象条件在形成原因、伴随的现象、要素分布规律和产生的影响等方面具有不同的特点。机场区域出现雷暴天气时，通常条件下持续时间较短，但由于其强度大，能够产生短时雷电、强降水、强风及风切变以及较低的云底高和能见度，因此对机场航班起降和其他航空保障活动的影响较大且较为复杂，从风、云、能见度到天气现象本身，可能都会出现低于机场运行标准的情况。当机场终端区空域内出现雷暴活动时，不但影响本场起飞航班运行，还会给空域内飞行的航空器带来复杂影响，可能会导致航班绕飞、进场延误甚至航班备降，对空域的容量、流量以及管制工作也会造成影响。机场飞行区出现大雾等带来的低能见度天气时，最直接的影响就是机场能见度低于运行标准，如果低能见度持续时间过长，特别是在大型运输机场，将会导致大面积航班延误甚至取消。强风切变天气多与强雷暴、锋面活动等有关，对其发生位置、切变强度和持续时间等预报难度大，有效信息获取难度大，加之强风切变持续时间较短，影响范围通常较小，因此对强风切变的影响评估，需要综合考虑其空间范围和航班运行的相对位置关系、切变强度等多种因素。强风切变发生时往往风速较大，因此不能忽视大风本身对航空运行的影响。道面冰雪是有低温降雪天气的机场需要重点评估的一类特殊气象条件，除了需要考虑降水强度和类型之外，还应该结合其他要素，比如冰雪厚度、道面温度变化、航班密度等建立综合评价体系。

可见，雷暴、低能见度、强风切变和道面冰雪等特殊天气在气象学上不具有统一特性。同时，机场运行活动是多工种的协同运行，不但涉及航空器起降，还需考虑机场运行保障的复杂性、航空公司运行规律和管制工作特点，这四类特殊天气对机场运行不同对象的影响程度和表现也是不一样的，应针对四类特殊天气的特点、发生发展规律，结合每一种特殊天气对机场飞行区不同对象的影响，分别开展研究。

8.2 特殊气象对机场飞行区航空运行的影响

8.2.1 西安机场航班运行特征分析

为了明确特殊气象条件机场飞行区航空运行的影响，我们首先从航班正常性基本概念、计划航班特征、实际航班特征、航班出发率等几个方面，分析西安机场航班运行特征。

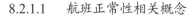

8.2.1.1 航班正常性相关概念

1. 航班正常性定义

（1）2016 年颁布的《民航航班正常统计办法（征求意见稿）》中规定：

正常航班是指不晚于计划到港时间后 15 分钟（含）到港的航班。不正常航班是指有下列情况之一的航班：

①不符合正常航班条件的航班；

②当日取消的航班；

③未经批准，航空公司自行变更预先飞行计划的航班。

（2）2017 年 1 月开始实施的航班正常管理规定（中华人民共和国交通运输部令 2016 年第 56 号）中规定：

①"航班延误"是指航班实际到港挡轮挡时间晚于计划到港时间超过 15 分钟的情况。

②"航班出港延误"是指航班实际出港撤轮挡时间晚于计划出港时间超过 15 分钟的情况。

③"航班取消"是指因预计航班延误而停止飞行计划或者因延误而导致停止飞行计划的情况。

2. 航班正常性统计指标

（1）航班正常率

航班正常率为正常航班的航段班次与计划航班的航段班次之比，用百分比表示，是反映航班运行效率的指标。航段班次即航班一次离港至到港为一个航段班次。航空公司的补班计划和提前一日取消的次日航班计划，不计入航班正常、航班延误时间、航班离港正常、机场放行正常、早发航班放行正常和单位小时机场离港航班正常统计范围。当日取消的航班不计入机场放行正常统计和早发航班放行正常统计范围。

此外，我们所获取的机场航班运行数据，包括计划航班离港时间、实际航班离港时间、计划航班进港时间、实际航班进港时间，没有加轮挡和撤轮挡时间，故咨询机场业务部门，当实际航班离港时间多于计划航班离港时间 30 分钟，作为航班离港晚点的评判标准，同理航班进港晚点评判标准也为 30 分钟。

（2）航班正常率计算方法

航班正常率：

$$R = \frac{正常航班架次}{计划航班架次} \times 100\% \tag{8-1}$$

航班进港正常率：

$$R_a = \frac{正常进港航班架次}{计划进港航班架次} \times 100\% \tag{8-2}$$

航班出港正常率：

$$R_b = \frac{正常出港航班架次}{计划出港航班架次} \times 100\% \tag{8-3}$$

如果计算小时航班正常率，则使用小时内计划架次与正常架次，如计算当日正常率，则使用当日计划架次与正常架次。

航班正常率指标在计算小时正常率中存在一定不足之处，该指标仅能描述当前时间内计划机场航班运行性能，没有考虑之前的延误航班在该时段内起飞或着陆的情况，对该时间段以前的机场航班运行无记忆性，如前序航班延误在该时段起飞，故无法准确衡量出某时段内机场航班的实际运行效率。

为了进一步明确雷暴对机场天气的影响，我们采用了一种有记忆性且可全面衡量雷暴对机场航班运行性能的指标，即离场出发率（departure rate，DPR），其计算式为

$$DPR_{T_1,T_2} = \frac{N_{ontime,T_1,T_2} + N'_{delay,T_1,T_2}}{N_{schedule,T_1,T_2} + N'_{delay,T_1,T_2}} \tag{8-4}$$

式中，$N_{schedule,T_1,T_2}$ 为 $[T_1,T_2]$ 时间段内的计划离场航班总数；N_{ontime,T_1,T_2} 代表计划起飞时间在 $[T_1,T_2]$ 时间段内同时离场延误时间小于 30 分钟的航班数量；N'_{delay,T_1,T_2} 表示在 T_1 时刻之前延误，而在 $[T_1,T_2]$ 时间段内起飞的航班数量。

该指标能够准确描述出机场航班实际运行性能，既考虑某时段内准时出发的航班量占计划出发航班量的比重，也考虑之前延误的航班在之后时段内的表型情况。

8.2.1.2　西安机场航班运行特征分析

1. 起降架次分析

西安机场是我国十大主要机场之一，2019 年航班起降架次在全国排名第 7 位，全年起降架次为 345.7 千架次。

2020 年 1 月之前，西安机场每月的航班起降架次平均为 27.9 千架次，起飞架次和降落架次基本等同，实际起降架次在年内有所波动，总体为冬季少、夏季多，其中 7 月实际起降航班最多，平均每月为 29.9 千架次，在 2 月最少，平均每月为 25.8 千架次。2020 年 2 月，该机场起降架次共为 6.4 千架次，远远小于 2020 年 1 月的 28.1 千架次。自 2020 年 2 月开始，虽然西安机场的航班实际起降架次有所回升，然而其波动较大，在 2022 年 1 月西安机场的实际起降架次到达最低点，只有 2.2 千架次。因为不同航班流量下，天气对机场运行的影响程度不同，故而，在分析危险天气对机场运行影响时，应考虑机场实际航班起降架次。

同时，在西安机场计划起降架次方面，总数量的变化情况与实际起降架次类似，在 2020 年 1 月之前平均为 28.2 千架次，2020 年 2 月降低为 6.8 千架次，在 2022 年 1 月最低，仅为 2.3 千架次。

如图 8-1 所示，2017 年 9 月至 2022 年 3 月，西安机场每日航班实际起降架次平均为 778.3 架次，2020 年 1 月前，每日航班实际起降架次为 916.9 架次，之后平均为 651.2 架次，航班执行数量下滑明显。

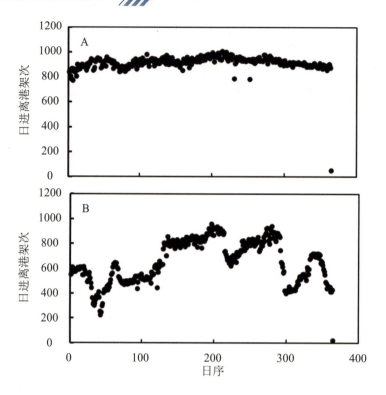

图 8-1　全年逐日实际进离港航班架次

（A 为 2017 年 9 月至 2019 年 12 月，B 为 2020 年至 2022 年 3 月，日序为一年中第几天）

从每日进离港航班累积概率分布图（图 8-2）可知，西安机场每日进离港航班数量相对集中，在 863～988 架次区间斜率最高，该区间天数占比为 55.4%，日进离港航班最多为 1125 架次，在 2020 年 1 月 19 日；最低为 1 架次，在 2022 年 1 月 1 日。进港航班和离港航班每日执行架次与进离港架次累积概率分布类似，都是集中在相对较小的一个区间范围内，图 8-3 所示为每日实际离港航班累积概率分布图。

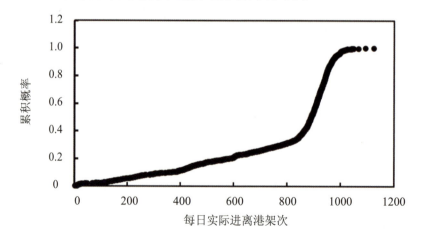

图 8-2　2017 年 9 月至 2019 年 12 月每日实际进离港航班累积概率分布图

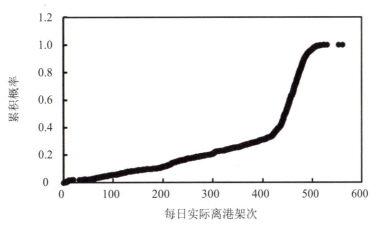

图 8-3　2017 年 9 月至 2019 年 12 月每日实际离港航班累积概率分布图

如图 8-4 所示为西安机场小时实际航班分布图。西安机场平均小时实际起降航班架次为 32.2，通过比较西安机场小时航班起降架次可知，实际起降航班在一天中差异较大，其中在 03 时至 05 时航班起降架次最小，小时平均为 1.9 架次，最小为 1.6 架次，08 时到 20 时小时起降架次大致相同，平均为 41.9 架次，最大为 43.1 架次，发生在 15 时，从而可以看出危险天气发生在不同位置对航班运行影响大不相同。起飞和降落航班在一天中分布情况略有不同，主要体现在上午和凌晨，其中实际起飞架次在 06 时到 07 时比实际降落架次多，而实际降落架次在 00 时与 01 时比实际起飞架次多。

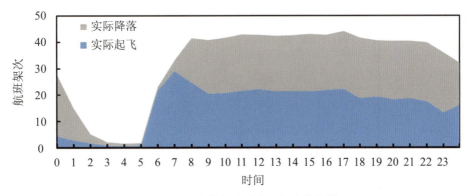

图 8-4　西安机场小时实际航班分布图

对于计划航班架次而言，西安机场全天小时平均计划起降架次为 32.7 架次，略多于实际起降航班架次，不同时刻计划起降架次差异显著，其中最低为 1.1 架次，在 04 时，最高位 44.0 架次，在 15 时。

如图 8-5 所示，分析小时计划进离场航班变异系数可知，2020 年 1 月 1 日之前，对于一天 24 个时刻而言，计划起降架次的变异系数在 08 时到 23 时均较低，在 00 时到 07 时较高，主要原因为后者计划起降架次总体较少。此外，计划离港架次小于计划进港架次。说明 2020 年 1 月 1 日之前，每日间的航班计划差异不大，小时计划进港或离港航班评价标准差为 2.7 架次。

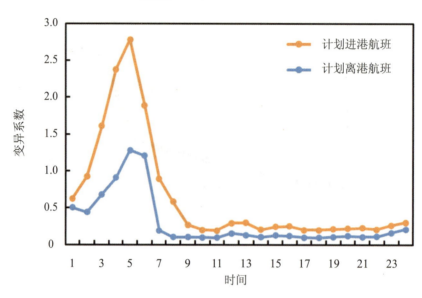

图 8-5　西安机场 2020 年 1 月 1 日前计划进离港航班变异系数

2. 航班正常率分析

如图 8-6 所示，西安机场多年航班正常率均在 80%以上，平均为 84.8%，其中进港正常率略高于离港正常率（83.0%），为 86.7%。从 2018 到 2021 年统计结果可知，年际间差异不大，2021 年最低，航班正常率为 82.6%。

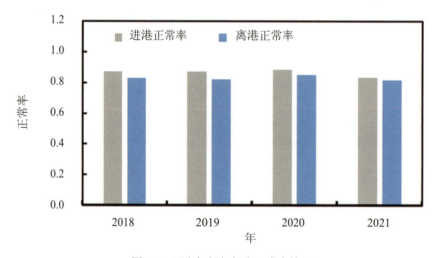

图 8-6　西安机场年航班正常率情况

如图 8-7 所示为西安机场逐月航班正常情况。从逐月统计结果可知，航班正常率在下半年相对较低，冬半年除 1 月外相对较高。对比不同月份可知，航班正常率在 7 月最低，为 78.7%，进离港分别为 81.6%和 76.0%，进港航班正常率较高。在 3 月时航班正常率最高，为 88.4%，进离港分别为 90.0%和 86.8%。

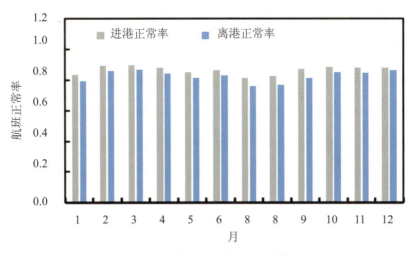

图 8-7 西安机场逐月航班正常率情况

图 8-8 所示为西安机场逐时船班正常率情况。从逐小时统计结果可知，航班正常率在一天当中差异显著，在凌晨 00 时到 05 时最低，在 06 时到 08 时最高，其他时刻准点率和出发率也均较高。对比进港和离港航班，进港航班在大多数时刻进港正常率高于离港正常率，然而在 06 时、07 时低于离港正常率，因为此时有停场飞机起飞，从而增加了离港正常率。在全天，04 时时离港正常率最低，可低至 59.2%，虽然该时段正常率低，但是因为起降架次少，所有延误航班数据和小时航班延误总时间均较低。

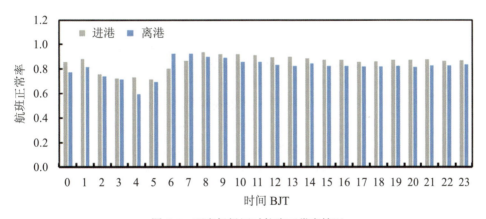

图 8-8 西安机场逐时航班正常率情况

通过每日离港延误取消航班累积概率分布图（图 8-9）可知，西安机场 90% 以上的天数航班延误取消架次小于 134 架次，80% 以上的天数航班延误取消架次小于 96 架次，60% 以上的天数航班延误取消架次小于 61 架次。

在航班每天正常率方面，如图 8-10 所示，有 37.9% 的天数航班离港正常率低于 82.8%，有 28.9% 的天数航班离港正常率小于 80%，有 26.7% 的天数航班离港正常率大于 90%，对于进港航班而言，小于 80% 的天数占比更小。

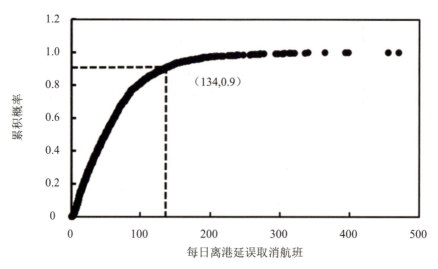

图 8-9　西安机场每日离港延误取消航班累积概率分布图

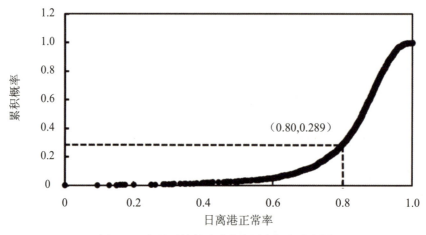

图 8-10　每日平均航班准点率累积概率分布图

对比计划小时和每日实际进离港航班架次与计划航班架次直接的关系（图 8-11）可知，两者均近乎为 1∶1 线，其中日航班执行情况良好，小时航班执行情况常因短期活动而影响，小时计划起降和小时实际起降之间有一定差异。

通过提取西安机场好天气下航班运行情况，计算一天 24 小时每个时刻离场航班正常率可知，好天气下的航班正常率分布和西安机场总体航班正常率分布特征是一致的，如图 8-12 所示，其中，00 时到 05 时离港航班正常率较低，此时航班数量较少，对机场运行影响不大；从 06 时开始的一段时间航班正常率是一天中最高的，此时离港航班多为前一天经停西安机场的航班，受前站航班延误影响较小，所以该时段的离港航班正常率是最高的，随着时间推移，离港航班正常率不断下降，到达 12 时时为 83.1%，之后离港航班正常率基本稳定。

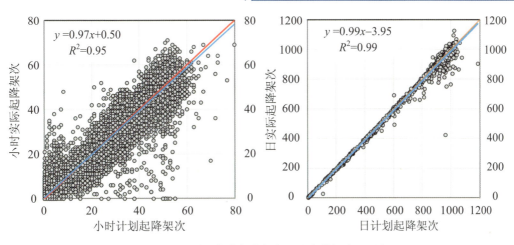

图 8-11 计划进离港架次与实际进离港架次 1:1 线

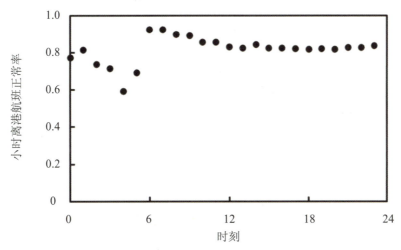

图 8-12 西安机场好天气下小时离港航班正常率

3．西安机场通行能力分析

根据西安机场调研结果可知，目前该机场上报民航局的时刻容量为 57 架次，从如图 8-13 所示的小时实际与计划起降架次累积概率分布图可知，西安机场有 98.6% 的小时实际起降航班数量小于等于 57 架次，有 99.6% 的小时计划起降航班架次小于等于 57 架次，从而可以反应规定的时刻容量基本为西安机场运行中的最大时刻容量。对比小时计划和实际起降架次的累积概率分布曲线，可以看出二者总体趋势相同，都有两个斜率高值区，分别位于 5 架次以下和 50 架次左右，其中 50 架次左右的概率更高，这里能反映出 5 架次以下主要是在一天中的 01 时到 05 时，50 架次左右主要发生在 08 时到 20 时之间。

在小时实际起降架次方面，小时最高起降架次为 71 架次，发生在 2019 年 11 月 7 日 13 时；从 2017 年 8 月 18 日到 2022 年 5 月 9 日，共有 550 个时刻实际起降航班超过 57 架次，主要分布在 2019 年，有 241 个时刻；在 550 个时刻中小时计划起降架次超过 57 架次的仅为 27 个时刻。

在小时计划起降架次方面，小时最高计划起降架次为 83 架次，发生在 2020 年 1 月 18 日；从 2017 年 8 月 18 日到 2022 年 5 月 9 日，共有 130 个时刻计划起降航班大于 57 架次，主要发生在 2021 年，共 55 个时刻，2019 和 2020 年分别为 26 个时刻和 27 个时刻；在 130 个时刻中，仅有 28 个时刻实际起降架次大于 57 架次。

从而，以上分析可以说明小时实际起降航班超过规定时刻容量多数是非计划性的，可知一般小时计划起降架次高，则小时实际起降架次也高，当实际起降在 57 架次以上时，所对应的小时计划起降架次基本区域平行，多在 50 架次左右，小于 57 架次；当小时实际起降架次小于 40 时，小时计划起降架次普遍小于 57 架次。然而，也存在大量的小时计划架次与实际架次不匹配的时刻，其中主要是危险天气所带来的扰动，当危险天气发生时实际起降架次减少，而危险天气发生前与发生后实际起降架次比计划多。

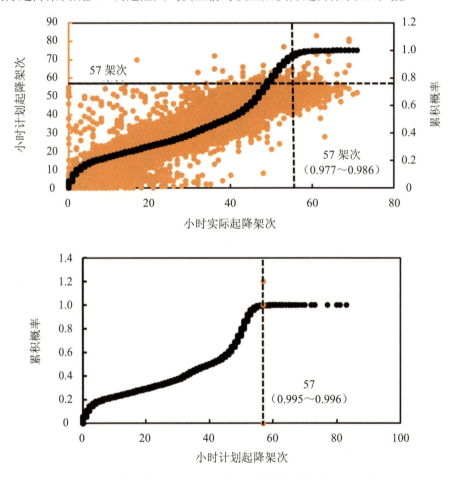

图 8-13 西安机场小时实际与计划起降架次累积概率分布图

从上述分析可知，西安机场小时通行能力最高基本为 57 架次，高于此数值的概率很低，在 99.6% 的情况下小时计划起降架次小于 57 架次，这意味着多数时刻航班未达到机场时刻容量，这些时刻对天气影响有一定的自我调节能力，当天气影响较小时，航班运行正常性不受其影响。

8.2.2 雷暴天气对机场飞行区航空运行的影响

为明确雷暴天气过程对机场航班运行效率的影响，我们利用机场航班运行数据，计算航班正常率，并分析雷暴天气对机场运行的影响。

利用 2018—2021 年这 4 年西安机场 METAR 和航班时刻数据，分析雷暴对航班正常性的影响。首先，分析近四年西安机场雷暴天气过程；其次，计算雷暴天气过程对机场运行的影响。

8.2.2.1 雷暴天气过程分析

1. 机场过程

如图 8-14 所示，通过筛选 METAR 报文并分析天气系统演变过程，可知西安机场本场共发生 25 次雷暴天气过程，雷暴天气多发的年份是 2021 年，雷暴多发的月份为 5、6、7 三个月，雷暴多发的时段是 02 时到 08 时，雷暴天气过程在本场持续时间多为 3 小时以内。近 4 年西安机场雷暴发生的时间分布特征同上文 2005—2021 年雷暴天气时间分布特征类似。

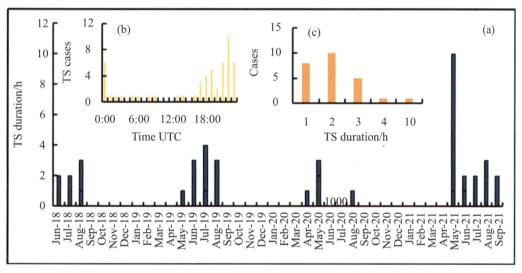

（a）为不同年月雷暴发生时间，（b）为不同时间雷暴发生时间，（c）为雷暴天气过程持续时间

图 8-14　2018—2021 年西安机场雷暴天气过程分析

表 8-1 所列为西安机场 25 次雷暴天气过程具体气象要素情况，所有气象要素选择的都是雷暴发生时段内的最恶劣情况。其中，雷暴持续时间最长的时间为 10 小时，西安机场雷暴强度均偏弱，强雷雨仅 2019 年 8 月 5 日发生一次。进一步分析雷暴伴随的天气现象可知，雷暴伴随中等强度降水一共发生 6 次，弱降水一共发生 15 次，无降水事件发生了 4 次；因雷雨而引起的低能见度事件未发生过，能见度均高于 4000 m；雷暴引起风速高于 10 m/s 的事件发生了 4 次；雷暴引起的云底高度普遍较高，仅有 1 次天气过程云底高度在 150 m，其他天气过程均在 360 m 以上，近 80% 的雷暴过程云底高度高于 900 m。

总体来看，西安机场雷暴总体偏弱，本场遭遇的雷暴伴生气象要素较弱，大风、强降水、低云、低能见度少发，冰雹、龙卷在西安机场均未发生过。

表 8-1　2018—2021 年西安机场 25 次雷暴天气过程天气要素特征

序号	开始时间（UTC）	结束时间（UTC）	持续时间/h	强度	降水	能见度/m	风速/（m·s⁻¹）	风向/°	云高30 m
1	201806130900	201806131000	2	中等	中等	9999	17	350	33
2	201807151300	201807151400	2	弱	弱	9999	3	360	33
3	201807301300	201807301400	2	中等	无	9999	1	280	40
4	201808071400	201808071400	1	中等	无	9999	2	130	50
5	201808081300	201808081500	3	中等	无	9999	10	120	40
6	201808211600	201808211600	1	中等	中等	4000	2	20	30
7	201905051100	201905051100	1	弱	弱	7000	1	VRB	33
8	201906041400	201906041600	3	中等	中等	9999	2	230	40
9	201907091500	201907091500	1	弱	弱	9999	2	290	40
10	201907281900	201907282200	4	弱	弱	9999	7	250	40
11	201908051600	201908051800	3	强	强	4000	4	170	40
12	202004091100	202004091100	1	弱	弱	7000	6	40	30
13	202005151400	202005151600	3	弱	弱	9999	10	250	40
14	202005190000	202005190100	2	弱	弱	9999	2	30	50
15	202005311000	202005311100	2	中等	中等	8000	5	90	50
16	202008031300	202008031300	1	弱	弱	9999	2	260	40
17	202105020500	202105021400	10	中等	中等	4000	7	70	12
18	202105311000	202105311000	1	弱	弱	9999	2	40	40
19	202106020900	202106021000	2	弱	弱	7000	4	50	40
20	202106301400	202106301400	1	弱	无	9999	9	30	40
21	202107171300	202107171400	2	弱	弱	9999	13	10	30
22	202107190800	202107190900	2	弱	弱	7000	2	90	40
23	202108031400	202108031600	3	弱	弱	9999	7	20	40
24	202108211500	202108211600	2	中等	中等	5000	3	30	5
25	202109191100	202109191200	2	弱	弱	9999	4	250	40

2．终端区过程

雷暴产生时，不仅会影响西安机场本场，同时会影响机场周边的空域运行，因此在分析雷暴过程中，我们进一步分析了西安机场 25 次雷暴过程中周边空域内雷暴分布特征。西安机场雷暴空中特征分析所采用的资料为中国气象局组合反照率因子雷达图，该图每 10 min 产生一张，能够清晰地辨别雷暴所在位置及面积。

如图 8-15 所示为 2018 年 6 月 13 日雷暴过程不同时刻的雷达图片样例，从图中可知该次雷暴过程从北京时间 14：20 分开始，到 20：50 分结束。在 17：00 左右开始影响本场，且雷暴强度达到最强，18：10 之后雷暴向西南方向移动，逐渐移出本场，同时强度不断减弱，在 20：50 左右基本移出本场终端区，只影响宁陕导航台（NSH），之后雷暴消散。此次雷暴过程强度不大，终端区空间最大占比较小，最大占比发生在 17：00，占终端区总面积的 2.12%。

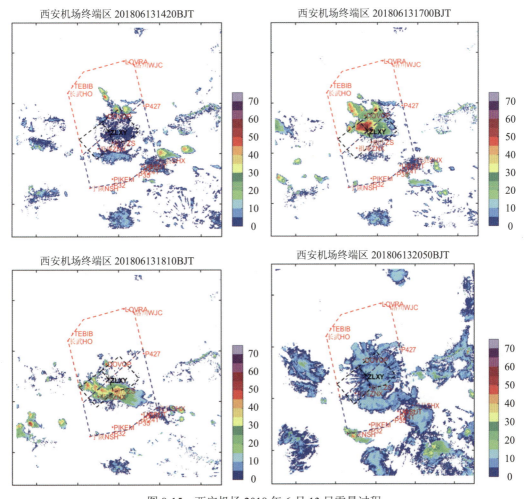

图 8-15　西安机场 2018 年 6 月 13 日雷暴过程

图 8-16 所示为雷暴强度高于 40 dBZ 的面积占终端区总面积的比例。从图 8-16（a）所示的 2018 年 6 月 13 日的雷暴过程中可以看出，整个雷暴过程时间远大于本场雷暴时间，终端区雷暴从 14 时开始占比为 0.23%，最高占比时刻为 16 时，占比达 1.39%。从全过程来看，此次雷暴过程总体空间占比较小，雷暴发生区域相对集中。图 8-16（b）所示的 2018 年 7 月 15 日雷暴过程可以看出，雷暴过程持续时间要长于前次，同时面积占比也更大，此外在 2018 年 7 月 15 日雷暴存在反复。而两次过程，本场雷暴时间类似，所以在明确雷暴影响过程中，应充分考虑终端区雷暴特征。

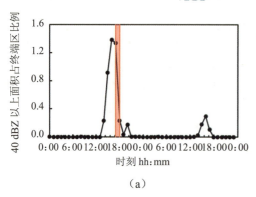
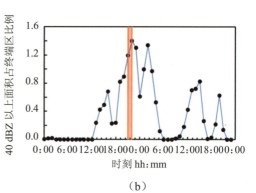

（a）　　　　　　　　　　　　　　（b）

图 8-16　西安机场 2018 年 6 月 13 日和 2018 年 7 月 15 日两次雷暴过程（红色区域是本场雷暴时间）

分析西安机场 25 次雷暴过程可知,终端区雷暴持续时间和强度同机场雷暴有所不同。在持续时间方面,终端区雷暴持续时间方面均会比机场雷暴持续时间更久;在雷暴强度方面,终端区雷暴强,但机场雷暴强度不一定强,两者之间存在一定差异。

我们选取回波强度大于 40 dBZ 面积占终端区小时平均面积超过 0.1% 的时刻为雷暴发生时刻,统计西安机场雷暴终端区持续时间,并统计此过程中雷暴回波最高强度,及 40 dBZ 以上回波面积占比最大比例,及发生时刻,从而来说明终端区雷暴特性。

表 8-2 所列为西安机场本场 25 次雷暴过程中机场终端区内雷暴特性分布特性,结果显示其差异显著,其中在强回波区面积上来看,最大回波面积出现时间不一定是本场发生雷暴时刻;同理最高回波强度出现时刻,也不一定是本场出现雷暴时间;从持续时间来看,终端区雷暴持续时间要远远长于机场雷暴持续时间。综上,在研究雷暴对机场运行影响时,应同时考虑雷暴对本场影响,以及终端区雷暴对机场运行的影响。

表 8-2　2018—2021 年 25 次雷暴过程西安机场终端区变化特征

序号	本场开始时间（BJT）	本场结束时间（BJT）	空中持续时间/h	40 dBZ 以上回波面积	
				最大面积占比/%	发生时刻（BJT）
1	2018-06-13 17：00	18：00	7	2.12	17：00
2	2018-07-15 21：00	22：00	17	3.35	22：00
3	2018-07-30 21：00	22：00	18	4.32	20：50
4	2018-08-07 22：00	22：00	19	4.97	02：20
5	2018-08-08 21：00	23：00	13	6.93	18：10
6	2018-08-22 00：00	00：00	21	8.74	23：00
7	2019-05-05 19：00	19：00	—	0.21	08：40
8	2019-06-04 22：00	00：00	6	0.63	19：40
9	2019-07-09 23：00	23：00	—	0.35	17：50
10	2019-07-29 03：00	06：00	10	2.71	05：30
11	2019-08-06 00：00	02：00	6	0.95	01：40
12	2020-04-09 19：00	19：00	8	0.91	15：40

序号	本场开始时间（BJT）	本场结束时间（BJT）	空中持续时间/h	40 dBZ 以上回波面积	
				最大面积占比/%	发生时刻（BJT）
13	2020-05-15 22：00	00：00	8	6.21	23：10
14	2020-05-19 08：00	09：00	20	1.38	10：20
15	2020-05-31 18：00	19：00	11	3.68	17：20
16	2020-08-03 21：00	21：00	23	3.34	19：40
17	2021-05-02 13：00	22：00	17	13.51	23：00
18	2021-05-31 18：00	18：00	9	5.43	13：10
19	2021-06-02 17：00	18：00	12	8.52	16：50
20	2021-06-30 22：00	22：00	18	13.40	23：30
21	2021-07-17 21：00	22：00	11	13.01	19：20
22	2021-07-19 16：00	17：00	14	3.08	16：00
23	2021-08-03 22：00	00：00	15	12.10	22：20
24	2021-08-21 23：00	00：00	29	9.37	21：20
25	2021-09-19 19：00	20：00	7	6.19	18：30

8.2.2.2 雷暴对航班影响分析

本场发生雷暴势必会对机场航班运行带来巨大冲击，我们在分析西安机场整体延误取消情况的基础上，主要针对西安机场 2018—2021 年 25 次雷暴对机场运行的影响，从计划航班架次、雷暴日航班正常性、小时航班正常性、通行能力等几个方面做了分析。

1. 本场计划航班分布情况

我们分析了多次雷暴过程的计划航班数据。西安机场 25 次雷暴发生日期及后一天计划起飞航班数据，如图 8-17 所示。从图中可知，计划航班数据与前文分析类似，在 00 时到 05 时期间，计划航班数据很少，在 07 时和 08 时计划起飞航班达到一天中的高值区，此时有大量停场的航班开始始发，之后在 22 时之前计划航班数据大致相同，不同时刻存在一定的震荡，22 时之后计划航班数量下滑明显。不同天气过程其计划航班数量有较大差异，从图中可以看出，在 2018 年和 2019 年的天气过程中，计划航班数据差异不大，而在 2021 年计划起飞航班数据很小。

2. 雷暴日航班正常性

我们分析了雷暴日航班延误取消情况（表 8-3），可知雷暴持续时间和航班不正常有很大的联系，雷暴在本场发生时间越长延误和取消航班越多，其中 2021 年 5 月 2 日雷暴过程持续时间最长，当日航班延误取消架次最多，共计 303 架次。此外，雷暴发生时刻、计划航班架次、强雷暴空中发展区域占比也对航班延误有较大影响，对比 2018 年 6 月 13 日和 2018 年 7 月 15 日可知，计划航班数基本相同，雷暴持续时间相近，然而前者发生时刻在 17：00，而后者在 21：00，故其影响有所不同，6 月 13 日起飞延误取消架次可达 150 架次，而 7 月 15 日仅为 81 架次。在计划架次方面，对比 2018 年 6 月 13 日和 2020 年 5 月 31 日可知，后者计划起飞架次仅为 358 架次，而前者为 460 架次，两者雷暴发生时刻和持续时间类似，结果后者延误取消架次仅为 44。在雷暴面积占比方面，对比 2018 年 7 月 15 日和 2018 年 7 月 30 日可知，后者最大覆盖面积较高，且发生时刻在 20：50，所以其航班延误取消高达 206 架次，而前者仅为 81 架次。综上所述，雷暴特征差异所造成的航班延误差异显著，其中雷暴本场发生时刻、本场持续时间、空中持续时间、雷暴区覆盖面积、机场交通量等因素均对航班正常性产生较大的影响。

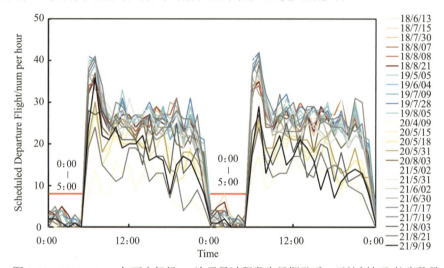

图 8-17　2018—2021 年西安机场 25 次雷暴过程发生日期及后一天计划起飞航班数量

表 8-3　雷暴日离港航班延误取消情况表

序号	开始时间（BJT）	持续时长	计划架次	总延误架次	总取消架次	延误取消架次
1	2018-06-13 17：00	2	460	140	10	150
2	2018-07-15 21：00	2	469	78	3	81
3	2018-07-30 21：00	2	470	200	6	206
4	2018-08-07 22：00	1	472	168	4	172
5	2018-08-08 21：00	3	489	149	13	162
6	2018-08-22 00：00	1	482	144	16	160
7	2019-05-05 19：00	1	481	23	2	25
8	2019-06-04 22：00	3	469	158	2	160
9	2019-07-09 23：00	1	500	134	11	145
10	2019-07-29 03：00	4	524	175	17	192
11	2019-08-06 00：00	3	510	130	7	137
12	2020-04-09 19：00	1	186	13	7	20

（续表）

序号	开始时间（BJT）	持续时长	计划架次	总延误架次	总取消架次	延误取消架次
13	2020-05-15 22：00	3	348	57	6	63
14	2020-05-19 08：00	2	317	22	3	25
15	2020-05-31 18：00	2	358	43	1	44
16	2020-08-03 21：00	1	434	90	11	101
17	2021-05-02 13：00	10	483	266	37	303
18	2021-05-31 18：00	1	475	223	16	239
19	2021-06-02 17：00	2	446	142	16	158
20	2021-06-30 22：00	1	470	98	8	106
21	2021-07-17 21：00	2	495	231	26	257
22	2021-07-19 16：00	2	472	152	32	184
23	2021-08-03 22：00	3	370	34	35	69
24	2021-08-21 23：00	2	234	12	7	19
25	2021-09-19 19：00	2	339	13	1	14

为了进一步明确雷暴各特征对雷暴日航班整体运行正常性的影响，我们利用雷暴特征及机场交通量同航班正常性做了相关性分析（表 8-4）。从表中所列可知，航班正常率同雷暴特征及机场交通量有极显著的负相关关系，如雷暴回波 40 dBZ 以上占终端区总覆盖面积与航班正常性直接存在负相关，即雷暴当日在终端区面积占比越大，航班正常率越长，同理计划起降航班架次越多，航班正常性也越差。航班正常率和本场雷暴持续时间有极显著相关性，但是和终端区雷暴持续时间直接无显著性关系。

表 8-4　雷暴日航班正常性与雷暴特征相关分析

条目	航班正常率	起飞正常率	降落正常率
总覆盖面积	−0.54**	−0.53**	−0.53**
加权覆盖面积	−0.55**	−0.54**	−0.54**
计划起飞架次	−0.55**	−0.54**	−0.56**
计划降落架次	−0.55**	−0.54**	−0.56**
计划起降架次	−0.55**	−0.54**	−0.56**
本场持续时刻	−0.45**	−0.46**	−0.44**
本场发生时刻	0.10	0.05	0.17
最大覆盖面积	−0.48**	−0.48**	−0.47**
40 dBZ 以上覆盖面积 大于 0.01 时刻数	0.00	0.00	−0.01

图 8-18 所示为雷暴加权覆盖面积同航班正常性关系，从图中可知，雷暴当日加权覆盖面积越广，航班正常性越低，R^2 为 0.30。其中，雷暴加权覆盖面积是由每小时的雷暴回波强度 40 dBZ 以上占终端区面积的百分比乘以该小时计划起降航班架次占全天总计划起降航班架次的比重，再由全天 24 小时结果相加得到的。

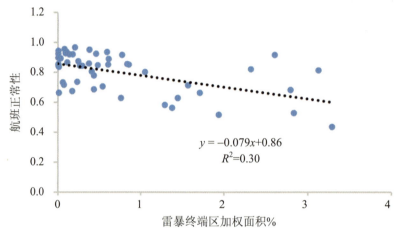

图 8-18　雷暴加权覆盖面积同航班正常性关系

3. 小时雷暴对航班正常性的影响

为了明确小时航班正常性与雷暴特征的关系，如图 8-19 所示，在雷暴日航班正常性分析的基础上，我们进一步分析了 2018 年和 2021 年各两次雷暴对小时航班正常性的影响。从图中四次过程可知，雷暴天气会影响机场运行效率。在 2018 年的两次雷暴过程中，在本场雷暴爆发之前机场航班运行效率已经呈下降趋势，主要因为已经有雷暴影响终端区的运行，当本场发生雷暴时，机场大致处于机场运行效率的最低点。然而，通过 2021 年两次过程可知，机场运行效率在雷暴过程中不是一直呈下降趋势，而是雷暴引起航班运行效率的波动，进一步分析两者的区别，主要原因为 2018 年计划起飞航班为 460 架次左右，而 2021 年仅为 330 架次左右，两者相差很大。对比这 4 次雷暴过程，可以得出雷暴从终端区出现开始就会影响机场运行，当本场发生雷暴时对机场运行影响较大，雷暴本场发生时刻及本场交通量都会对机场运行效率产生影响。

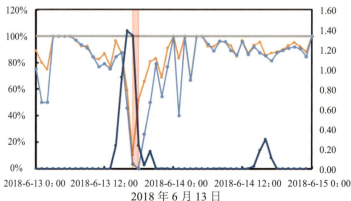

图 8-19　雷暴对机场起飞航班的影响

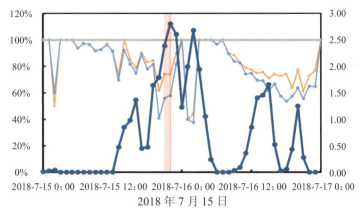

2018 年 7 月 15 日

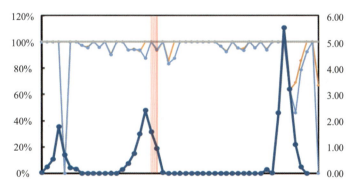

2021 年 8 月 3 日

2021 年 9 月 21 日

图 8-19 雷暴对机场起飞航班的影响（续）

（浅蓝色细折线为准点率、红色折线为出发率、红色区域为雷暴发生时段、
深蓝色粗折线为雷暴覆盖终端区面积，副坐标轴%）

在以上分析的基础上，进一步就雷暴特征与小时航班正常率进行相关分析（表 8-5），航班正常率和很多因素有极显著的相关关系，其中包括时刻、小时计划起降架次、起降延误架次、起降取消架次、雷暴覆盖面积、雷暴最强回波、雷暴最小距离等因素，排除航班不正常性外，航班正常率与雷暴覆盖面积相关性最高达 −0.350，且呈现负相关关系，

对比起飞正常率和降落正常率也存在此规律，说明雷暴覆盖面积无论对起飞和降落，在各雷暴特征中，均占有最重要的地位。

表 8-5　雷暴日雷暴特征小时与航班正常率相关分析

条目		航班正常率	起飞正常率	降落正常率
时刻		−0.184(**)	−0.083(**)	−0.127(**)
小时计划航班架次	起降总和	−0.119(**)	0.026	−0.006
	起飞	0.035	0.108(**)	0.104(**)
	降落	−0.223(**)	−0.075(*)	−0.119(**)
航班不正常性	降落延误	−0.595(**)	−0.670(**)	−0.654(**)
	降落取消	−0.340(**)	−0.414(**)	−0.401(**)
	起飞延误	−0.726(**)	−0.416(**)	−0.609(**)
	起飞取消	−0.377(**)	−0.251(**)	−0.338(**)
40 dBZ 以上雷暴特征	覆盖面积	−0.350(**)	−0.271(**)	−0.341(**)
	最强回波	−0.100(**)	−0.016	−0.069(*)
	平均距离	0.069(*)	0.007	0.052
	最小距离	−0.102(**)	−0.099(**)	−0.110(**)

如图 8-20 所示为将雷暴覆盖面积和航班正常率进行线性拟合。从图中可知虽然两者相关性达到极显著，但是其拟合曲线的 R^2 相对较低，这说明，如果仅用雷暴覆盖面积预测航班正常性，则预测效果较差。

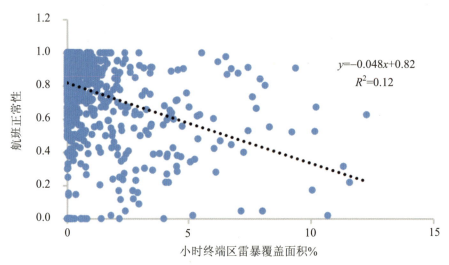

图 8-20　小时终端区雷暴覆盖面积对机场航班正常率的影响

为了进一步探究航班正常率与雷暴的直接关系，我们使用逐步回归分析各因子与航班正常性的关系，航班正常率逐步回归拟合结果见表 8-6 所列。从拟合结果可知，R^2 在只有雷暴覆盖面积时为 1.25，再增加其他要素对拟合效果影响不大。我们对起飞正常率和降落正常率也进行了逐步回归分析，结果类似，在此不再赘述。

表 8-6 航班正常率逐步回归拟合结果

模型	R	R^2	调整 R^2	估计标准误
1	0.354[a]	0.125	0.124	0.21514
2	0.373[b]	0.139	0.137	0.21355
3	0.389[c]	0.151	0.148	0.21215
4	0.403[d]	0.162	0.159	0.21088
5	0.413[e]	0.170	0.166	0.20994

a 自变量：（常数），雷暴覆盖面积。

b 自变量：（常数），雷暴覆盖面积，计划起飞架次。

c 自变量：（常数），雷暴覆盖面积，计划起飞架次，计划降落架次。

d 自变量：（常数），雷暴覆盖面积，计划起飞架次，计划降落架次，最强回波。

e 自变量：（常数），雷暴覆盖面积，计划起飞架次，计划降落架次，最强回波，时刻。

8.2.2.3 雷暴对机场通行能力的影响

雷暴会影响机场终端区空域可通行性，同时有可能覆盖本场，对机场通行能力具有较大的限制作用。我们分析了终端区空域雷暴面积与同时刻实际起降航班数量的相关关系，图 8-21 所示为 10 min 计划和实际起降架次的累计概率分布图，图 8-22 所示为 10 min 实际起降架次降架次与雷暴覆盖面积的关系。后续将结合前期航空器绕飞策略研究基础，将终端区结构、进离场程序、航空器行为、雷雨天气管制策略等有关因素综合考虑，建立基于航路结构、天气演变和航空器行为的雷雨绕飞评估方法。

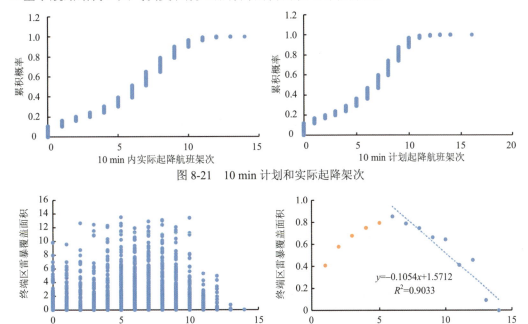

图 8-21 10 min 计划和实际起降架次

图 8-22 10 min 实际起降架次与雷暴覆盖面积关系

8.2.3　低能见度天气对机场飞行区航空运行的影响

8.2.3.1　低能见度影响因素

1．临界值

低能见度天气的临界值采用《民用航空机场运行最低标准制定与实施准则》中规定的标准。

2．影响对象

低能见度天气影响包括：

①机场现场运行指挥与保障作业；

②航班地面运行和空中飞行正常、效率与安全；

③空中交通指挥和空域通行能力。

3．应对措施

根据行业规章和文件，整理在低能见度天气下不同的影响对象的应对策略，表 8-7 所列为西安机场不利条件运行等级，表 8-8 所列为西北空管局大面积航班延误分级预警示例，表 8-9 所列为低能见度天气下的机坪操作。

表 8-7　西安机场不利条件运行等级

蓝色 4 级	3 h 内 10 个（含）以上航班延误超过 2 h	3 h 内接收 15 个（含）以上备降航班或 10 个（含）以上下客的备降航班
黄色 3 级	西安咸阳机场出港航班延误 3 h（含）以内，延误航班 30 架次（含）以上	
橙色 2 级	西安咸阳机场出港航班延误 2 h（含）以内，延误航班 40 架次（含）以上	
红色 1 级	机场关闭 2 h（含）以上	有 50 个（含）以上航班延误。

注：任一条件符合即启动。

表 8-8　西北空管局大面积航班延误分级预警示例

预警等级	事件地点	预警指标 1	预警指标 2	预警启动时间
		空中交通通行能力下降程度	预计恢复时间	
黄色	繁忙机场和航路	繁忙时段空中交通通行能力下降 10%～25%且持续一段时间	2～4 h	至少提前 2 h
橙色	繁忙机场和航路	繁忙时段空中交通通行能力下降 25%～50%且持续一段时间	4～6 h	至少提前 3 h
红色	繁忙机场和航路	繁忙时段空中交通通行能力下降 50%以上且持续一段时间	6 h 以上	至少提前 4 h

注：1. 当满足预警指标 1 或 2 中相应条件时，即可启动预警。

　　2. 繁忙机场通常指年旅客吞吐量超过 1000 万的机场（24 个）。

　　3. 繁忙航路通常指日均流量超过 500 架次以上的航段（12 条）。

表 8-9　低能见度天气下的机坪操作

一般规定	低能见度低于 800 m（0.5 mile）
启动"恶劣天气应急处置预案"，及时通知各保障部门，继续监控并通报天气状况	各部门按恶劣天气规定操作即可，不必详细建议

8.2.3.2　主导能见度对机场航班准点率的影响

由于获取的西安咸阳国际机场逐小时运行数据时间范围为 2017 年 8 月 17 日到 2022 年 5 月 10 日，时间范围较小，因此选取了同样时间范围内的 METAR 报文中的主导能见度观测结果（表 8-10），分析了低能见度天气对机场航班准点率的影响情况。

首先，是持续性低能见度天气的分布情况（VIS＜800 m），可以发现在此期间持续性最强的一次低能见度事件持续了 12 h。

其次，是持续性低能见度天气事件库，选择了上表中持续时间超过 8 小时的 4 次事件，见表 8-11 所列。

表 8-10　2017 年 8 月 17 日到 2022 年 5 月 10 日持续性低能见度天气分布情况

位序	持续时间/h	发生频次
1	1	11
2	2	9
3	3	6
4	4	7
5	5	4
6	6	5
7	8	2
8	9	1
9	12	1

表 8-11　2017 年 8 月 17 日到 2022 年 5 月 10 日持续时间最长的 4 次低能见度天气事件

位序	开始时间（UTC）	结束时间（UTC）	持续时间/h
1	2020-01-16 18：00	2020-01-17 05：00	12
2	2020-01-17 15：00	2020-01-17 23：00	9
3	2019-04-12 16：00	2019-04-12 23：00	8
4	2019-10-20 17：00	2019-10-21 00：00	8

通过对比四次低能见度天气事件过程主导能见度和西安机场起飞航班准点率（图 8-23）可以发现，在主导能见度低于 800 m 时，机场航班准点率一般比较低。

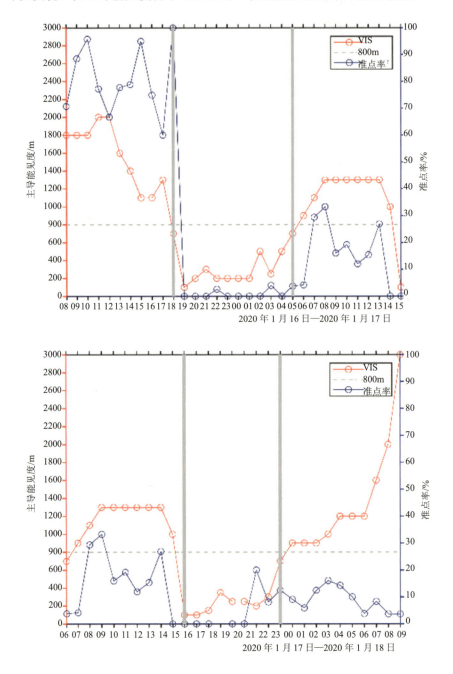

图 8-23　四次低能见度天气事件过程主导能见度和起飞航班准点率对比（UTC）

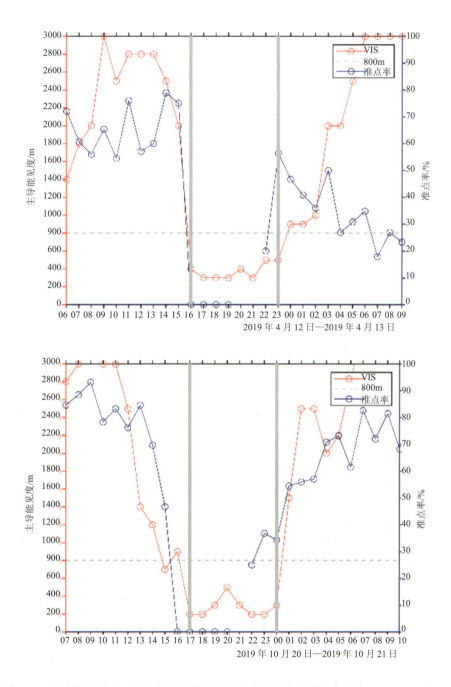

图 8-23 四次低能见度天气事件过程主导能见度和起飞航班准点率对比（UTC）（续）

8.2.4 低空风切变对机场飞行区航空运行的影响

8.2.4.1 低空风切变影响因素分析

低空风切变的强度直接关系到飞行安全。ICAO 推荐的风切变强度判断标准见表 8-12 所列。

表 8-12 ICAO 推荐的风切变强度判断标准

轻度	每 30 m（100 ft）的高度风速变化 0～4 nmi/h（含）
中度	每 30 m（100 ft）的高度风速变化 5～8 nmi/h（含）
强烈	每 30 m（100 ft）的高度风速变化 9～12 nmi/h（含）
严重	每 30 m（100 ft）的高度风速变化超过 12 nmi/h（含）

图 8-24 所示为 2011 年 7 月至 2017 年 6 月的风切变频率月变化和小时变化趋势，风切变多发于 6、7 月，春秋季次之，冬季频率较低；10～12 时遭遇风切变的比例达到了 20%，次之是 00～02 时和 06～08 时，再次是 02～04、04～06、08～10 时，遭遇风切变的比例超过了 10%。

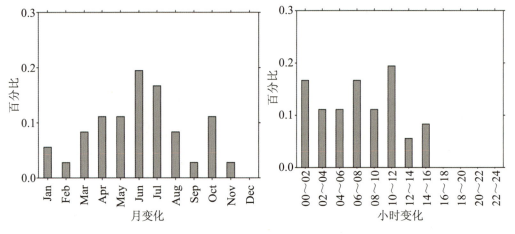

图 8-24　2011 年 7 月至 2017 年 6 月风切变频率月变化和小时变化趋势

2016 年 4 月 27 日西北空管局空管中心塔台管制室报告了 MU2262 航班的 A319 飞机在西安机场 23L 五边 150.0 m 至 300.0 m 高度遭遇了低空风切变，并且后有多架飞机报告 500 ft（152.4 m）有风切变。从 500 hPa 和 700 hPa 位势高度和风场分布（图 8-25）可以看到，西安机场位于槽后，风向在 500 hPa 为西北风，在 700 hPa 为西北偏北风。如图 8-26 所示，从 10 m 风场可以看出，在西安机场的北部、东部和东北部风速都比较大，而在线机场的西部、南部和西南部风速都比较小，因此在西安机场附近有风速的变化。相对湿度在 75%左右。从垂直速度可以看出，西安机场处于垂直速度的过渡区，在西安机场的北侧，垂直速度向上，在西安机场的南侧，垂直速度向下，垂直速度也在发生变化。

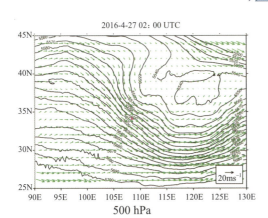
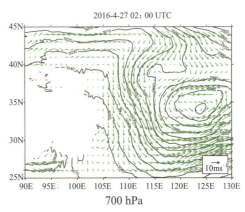

图 8-25　2016 年 4 月 27 日 02:00 UTC 位势高度和风场分布

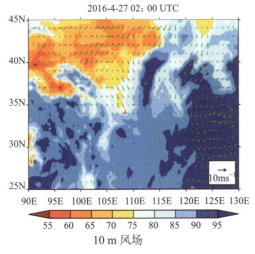
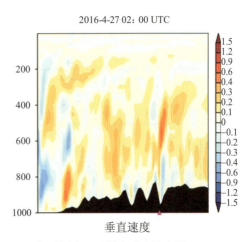

图 8-26　2016 年 4 月 27 日 02:00 UTC 10 m 相对湿度、风场和垂直速度图

　　图 8-27 所示为不同高度飞行、不同强度风切变和不同大小飞机遭遇风切变后的应对措施。Case 1 表示无异常和航班正常，遭遇了风切变，但是正常起飞落地；Case 2 表示拉升；Case 3 表示复飞；Case 4 表示返航；Case 5 表示备降；Case 6 表示终止进近；Case 7 表示中断飞行；Case 8 表示速度高度发生变化；Case 9 表示更换跑道。在近地面和 0～600 m、1800～2400 m 飞行遭遇风切变后，采取的措施比例最高的是复飞，其次是正常起飞落地。在 600～1200 m 飞行时，遭遇风切变后，采取的措施比例最高的也是复飞，其次是终止进近。在 1200～1800 m 飞行时，遭遇风切变后，采取的措施比例最高的是终止进近，达到了约 70%。2400～3000 m，遭遇风切变后，采取的措施比例最高的是正常起飞落地，大于 3000 m 飞行，遭遇风切变后，采取的措施相对于其他高度比较分散，主要是复飞和正常起飞落地，两者达到了约 60%。

　　飞机遭遇风切变后，仍能正常起飞落地的，其中，中等强度相对于其他强度比例最高，高强度比例最低，在终止进近措施中比例最高。飞机飞行遭遇低空风切变的应对措施与飞机尺度关系很大。随着飞机尺度的减小，飞机遭遇了风切变，但是正常起飞落地的比例降低，复飞的比例有所减小，终止进近的比例增加。

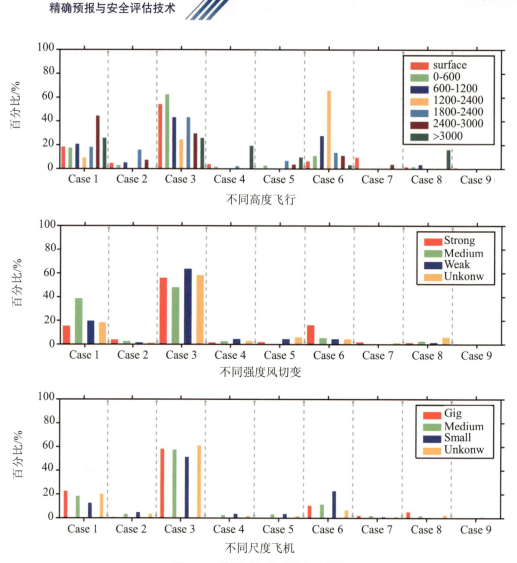

图 8-27　遭遇风切变后的应对措施

　　图 8-28 所示为不同高度飞行遭遇低空风切变后的应对措施统计情况，飞机遭遇低空风切变后，可以明显地看出 400～600 m 高度相比于 400 m 以下高度的应对措施有明显的不同，正常起飞落地的比例更高，复飞比例更低，终止进近比例更低。

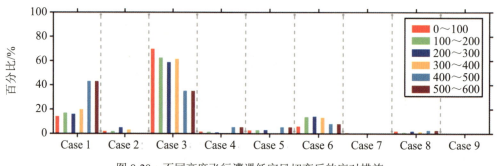

图 8-28　不同高度飞行遭遇低空风切变后的应对措施

如图 8-29 所示为采用 K-means 的聚类法对遭遇风切变时不同类型的应对措施。K-means 聚类算法是一种迭代求解的聚类分析算法，其步骤是随机选取 K 个对象作为初始的聚类中心，然后计算每个对象与各个种子聚类中心之间的距离，把每个对象分配给距离它最近的聚类中心。聚类中心以及分配给它们的对象就代表一个聚类。每分配一个样本，聚类的聚类中心会根据聚类中现有的对象被重新计算。这个过程将不断重复直到满足某个终止条件。终止条件可以是没有（或最小数目）对象被重新分配给不同的聚类，没有（或最小数目）聚类中心再发生变化，误差平方和局部最小。通过 K-means 的聚类方法，将飞行情况分为三种类型：第一类为高度低，强度弱，飞机小；第二类为高度中，强度中，飞机大；第三类为高度高，强度强，飞机偏大。对于第一类和第三类，正常起飞落地的比例偏高；第二类复飞的比例明显高于其他两类；第一类在 Case 1、Case 3、Case 4、Case 8 四种措施比例相当。

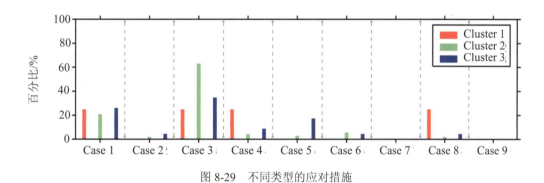

图 8-29　不同类型的应对措施

8.2.4.2　大风影响因素分析

当风向变化不定时，应使用所报告的风向变化范围中最不利的风向数据；报告有阵风时，应使用最大阵风值检查风速限制。

西安机场春季大风小时数最大，并且在每年 4 月有最大值。因此，我们选取 2018 年 4 月的数据，对比 METAR 报文风速数据和航班延误时间资料（图 8-30），可以发现风速的大值区往往对应的延误时间也比较长。3～4 日的大风过程，在大风到达峰值风速前，延误时间就开始增加，并且在大风结束后，延误时间有所减少，但随着计划起飞航班的增加，延误时间又呈增加趋势。风速的大值区往往对应的准点率也比较低（图 8-31）。

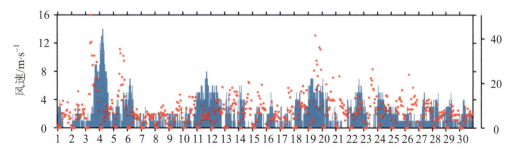

图 8-30　2018 年 4 月 METAR 报文风速数据和航班起飞延误时间序列

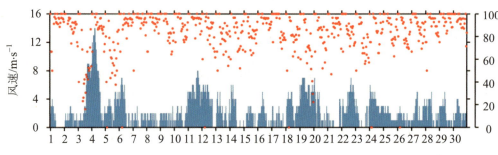

图 8-31　2018 年 4 月 METAR 报文风速数据和航班起飞准点率序列

8.2.5　道面冰雪对机场飞行区航空运行的影响

8.2.5.1　道面冰雪天气过程分析

根据西安机场降雪气候特征，可以发现西安机场一般降雪强度都比较小，像 2021 年只出现了一次降雪，因此，出现道面冰雪的案例并不多。在 2018 年和 2020 年均只出现了 1~2 次雪情通告，2019 年没有相关情况。这里以 2021—2022 年为例，统计了 2021 年 11 月至 2022 年 4 月西安机场出现道面冰雪天气时的特征。在 2021 年 11 月至 2022 年 4 月共 6 个月中，一共筛选了 54 个时次的雪情通告。根据筛选的结果发现道面状态均为冰雪，主要为湿雪和雪浆两类。因此关于道面的因素暂时不做考虑，主要集中在对应的天气条件上。图 8-32 所示为 54 个时次对应的气温、降水类型、降水持续时间等的分布。由于降水强度均为小，这里不再列出。气温和降水类型有很好的对应关系，气温在 0 ℃及以下时，降水类型为小雪，而在 0 ℃以上时，降水类型为小雨。计算两者相关系数为 −0.48，通过了 0.01 的信度检验。另外，注意到在降水类型为其他类型，比如轻雾或霾的情况时，也出现了道面冰雪。这和降水持续时间有关。前期降水持续时间长的话，即使天气转好，气温合适的情况下，在道面上也会有累积的冰雪。

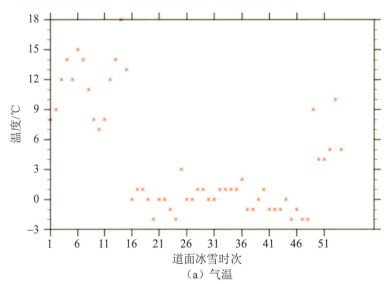

（a）气温

图 8-32　2021 年 11 月至 2022 年 4 月存在道面冰雪时对应的气温、降水类型和持续时间

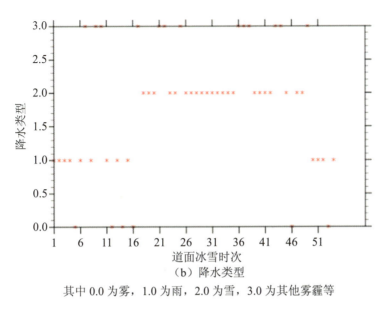

（b）降水类型

其中 0.0 为雾，1.0 为雨，2.0 为雪，3.0 为其他雾霾等

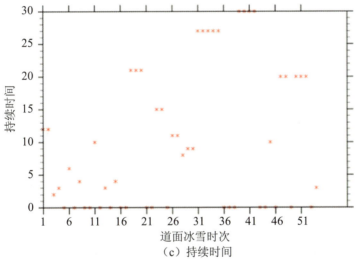

（c）持续时间

图 8-32　2021 年 11 月至 2022 年 4 月存在道面冰雪时对应的气温、降水类型和持续时间（续）

　　为了更好地了解出现道面冰雪时的天气形势，我们选取一次天气过程进行分析。2022 年 2 月 18 日 3：50、8：40，20：00 以及 14：48 发布了雪情通告，2 月 18 日（UTC 时间）一共有 229 架次航班计划，延误 53 架次，取消 5 架次，在出现雪情时准点率最低为 30% 左右。由于出现延误最多，选取此次过程来进行分析。

　　如图 8-33 所示为 2022 年 2 月 17 日 00 时、12 时和 18 日 00 时、12 时四个时次的 500 hPa 位势高度。可以看到，17 日至 18 日，在西安机场西部均存在低压槽，随着时间推移，低压槽向东移动，西安机场位于低压槽前，有利于低层气流的上升运动。进而，我们查看了低层对应的环流形势。

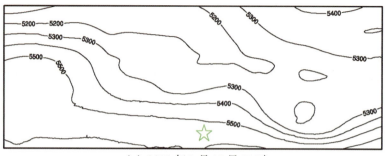

（a）2022 年 2 月 17 日 00 时

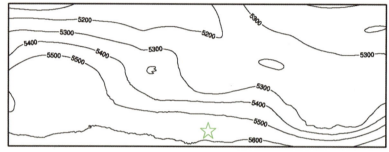

（b）2022 年 2 月 17 日 12 时

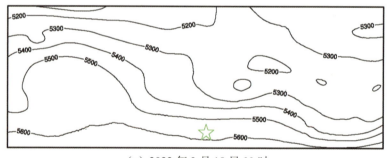

（c）2022 年 2 月 18 日 00 时

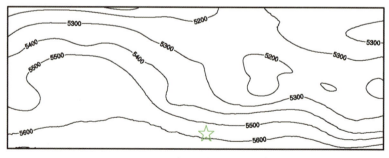

（d）2022 年 2 月 18 日 12 时

图 8-33　500 hPa 位势高度（单位：gpm）

如图 8-34 所示，850 hPa 涡度场上，17 日 00 时和 12 时在咸阳机场附近为正涡度，而在 18 日 00 时出现了负涡度，12 时为正涡度。对应涡度场的分布，如图 8-35 所示，850 hPa 垂直速度场上在 17 日 00 时和 12 时以及 18 日 12 时均为上升运动，而在 18 日 00 时为下沉运动。

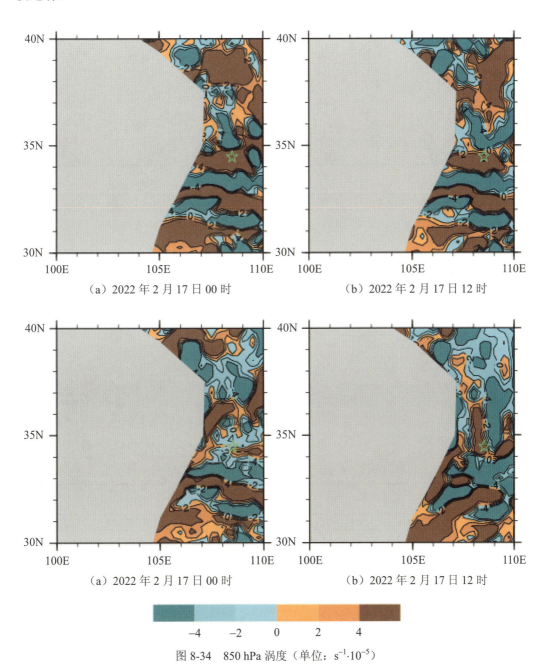

图 8-34　850 hPa 涡度（单位：$s^{-1} \cdot 10^{-5}$）

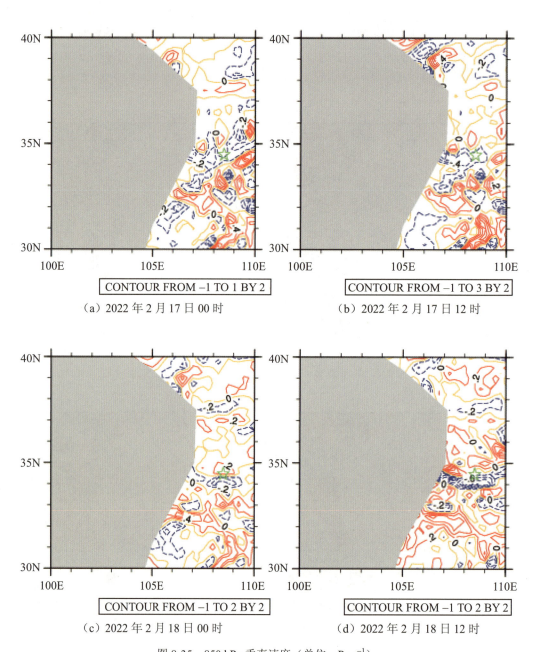

（a）2022 年 2 月 17 日 00 时

（b）2022 年 2 月 17 日 12 时

（c）2022 年 2 月 18 日 00 时

（d）2022 年 2 月 18 日 12 时

图 8-35　850 hPa 垂直速度（单位：Pa·s^{-1}）

如图 8-36 所示，从 850 hPa 相对湿度场来看，2022 年 2 月 17 日至 18 日相对湿度比较高，在 18 日 12 时相对湿度比较大。

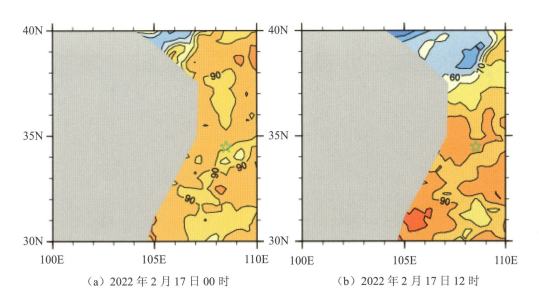

（a）2022 年 2 月 17 日 00 时　　　　　　　（b）2022 年 2 月 17 日 12 时

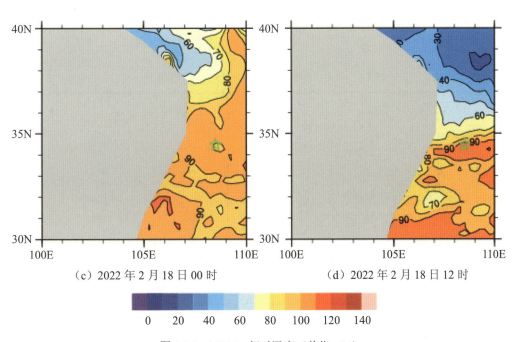

（c）2022 年 2 月 18 日 00 时　　　　　　　（d）2022 年 2 月 18 日 12 时

图 8-36　850 hPa 相对湿度（单位：%）

　　结合水汽条件分析，如图 8-37 所示，同样在 18 日 12 时有较强的水汽辐合，而在 17 日水汽辐合较弱。

　　如图 8-38 所示，通过咸阳机场 2022 年 2 月 17 日至 18 日气温的时间序列也可以看出，18 日的气温在大部分时间比 17 日同时间的气温要低，这也侧面印证了 18 日天气更利于出现冰雪。

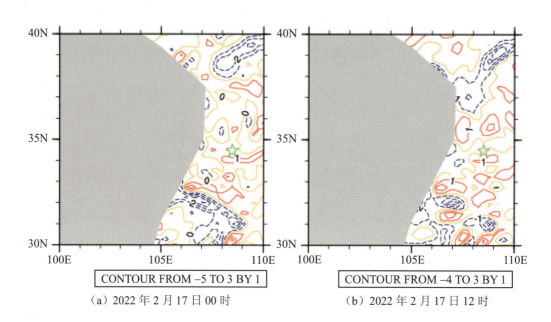

（a）2022 年 2 月 17 日 00 时　　　　　　　（b）2022 年 2 月 17 日 12 时

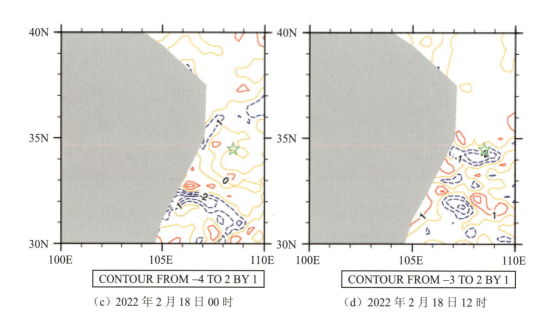

（c）2022 年 2 月 18 日 00 时　　　　　　　（d）2022 年 2 月 18 日 12 时

图 8-37　850 hPa 水汽通量散度（单位：$s^{-1} \cdot 10^{-7}$）

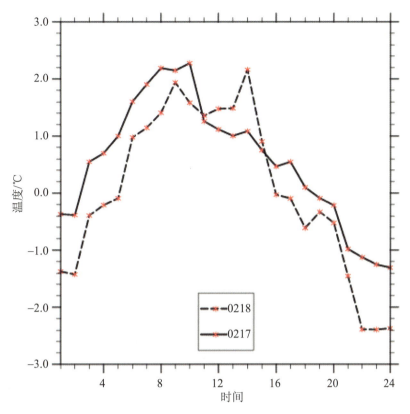

图 8-38　2022 年 2 月 17 日和 18 日的近地面气温

8.2.5.2　道面冰雪对航班影响分析

1．道面冰雪条件下的航班延误

道面冰雪的影响主要有：机场现场运行指挥与保障作业、航空器地面运行和航班正常率和空中交通指挥和空域通行能力。

根据 2021 年 11 月至 2022 年 4 月的雪情通告，我们一共筛选了 54 个道面有冰雪的案例，其中有 15 个时刻没有航班，在剩余的 39 个时刻中，有 14 个时刻出现航班延误，有 5 个时刻出现取消航班的情况，延误和取消情况占 49%，这说明冰雪对机场飞行区航班起飞有较大影响。如图 8-39 所示为存在道面冰雪时的计划航班数量、延误架次和取消架次，可以发现，计划航班量大时，在冰雪天气的影响下，延误架次也会有明显增多。而在计划航班量小的情况下，冰雪的影响也会减小。如图 8-40 所示为存在道面冰雪时的计划航班和准点率，可以看出，受道面冰雪影响，部分时刻航班准点率有明显下降，有的甚至只有 30%左右。另外，从图中可以发现，除了只有 1 架航班的情况外，在计划航班最多时对应了最低的准点率。然而，经过计算准点率和计划航班之间是弱的正相关，没有通过显著性检验。这说明影响计划航班只是可能影响航班延误的因素之一，不同时刻道面冰雪的状态并不一样，这可能是影响准点率的因素，因此有必要对影响道面冰雪的因子进行分析。

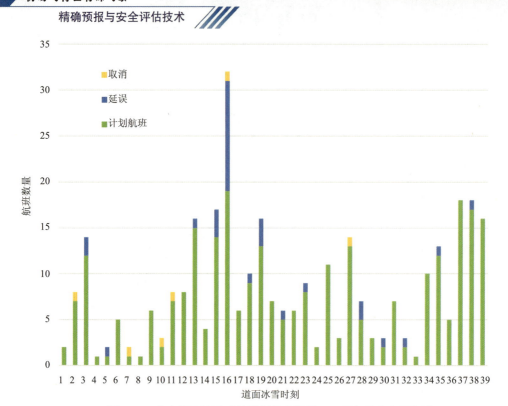

图 8-39　存在道面冰雪时的计划航班数量、延误架次和取消架次

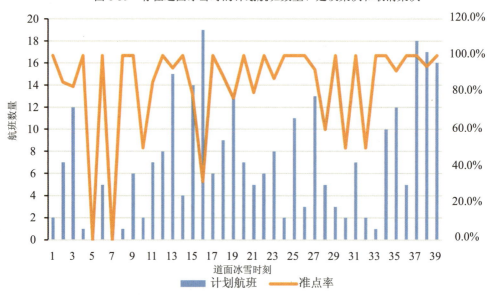

图 8-40　存在道面冰雪时的计划航班数量和准点率

　　根据航空公司冰雪天气起降规定（表 8-13），可以发现污染物类型、跑道状态、污染物厚度等是冰雪天气中对航班运行影响比较大的因素。据此，根据预报的要素，选定跑道状态、降水类型、降水强度、降水持续时间、气温等作为分析因素来看对航班的影响。其中，降雪强度采用《民用航空气象地面观测规范》划分标准（表 8-14），同时参考中国气象局降雨量等级划分标准，见表 8-15 所列。

表 8-13 航空公司冰雪天气起降规定

污染物类型	跑道状态	区域或面积	厚度/mm	潜在滑水风险	建议措施
积水	湿跑道	—	≤3（0.118 in）	否	
	污染跑道	飞机起降需用距离的表面可用部分的长和宽内超过25%的面积（单块或多块区域之和）	>3	是	
		—	≥12.7 mm（0.5 in）	是	不得起降
融雪	湿跑道	—	当量厚度≤3	否	
	污染跑道	飞机起降需用距离的表面可用部分的长和宽内超过25%的面积（单块或多块区域之和）	当量厚度>3	是	
		—	≥12.7 mm（0.5 in）	是	不得起降
湿雪	湿跑道	—	当量厚度≤3	否	
	污染跑道	飞机起降需用距离的表面可用部分的长和宽内超过25%的面积（单块或多块区域之和）	当量厚度>3	是	
		—	≥12.7 mm（0.5 in）	是	不得起降
干雪	湿跑道	—	当量厚度≤3	否	
	污染跑道	飞机起降需用距离的表面可用部分的长和宽内超过25%的面积（单块或多块区域之和）	当量厚度>3	是	
		—	≥12.7 mm（0.5 in）	是	不得起降
雪浆		—	≥12.7 mm（0.5 in）	是	不得起降
积冰		—	有	是	不得起降
跑道刹车性能		—	差	是	不得起降

表 8-14 民航气象降雪强度划分等级表

	小（轻）	中等	大（浓、强）
雪、阵雪	主导能见度大于或等于1000 m	主导能见度大于或等于500 m但小于1000 m	主导能见度小于500 m

表 8-15　中国气象局不同时段的降雪量等级划分表

等级	时段降雪量/mm	
	12 h 降雪量	24 h 降雪量
微里降雪（零星小雪）	<0.1	<0.1
小雪	0.1～0.9	0.1～2.4
中雪	1.0～2.9	2.5～4.9
大雪	3.0～5.9	5.0～9.9
暴雪	6.0～9.9	10.0～19.9
大暴雪	10.0～14.9	20.0～29.9
特大暴雪	≥15.0	≥30.0

　　前面提到，在本次所有道面冰雪过程中，道面状态均为冰雪，降水强度均为小，因此这两项不再列出。如图 8-41 所示为 39 个时次对应的气温、降水类型和降水持续时间与准点率。通过计算各因素和准点率之间的相关性，发现相关均不显著。

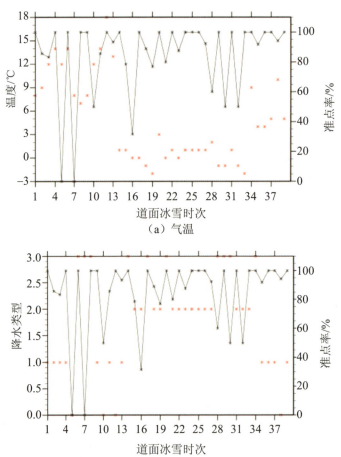

（a）气温

（b）降水类型（其中 0 为无，1 为雨，2 为雪，3 为其他雾霾等）

图 8-41　存在道面冰雪时各因子和准点率的对比

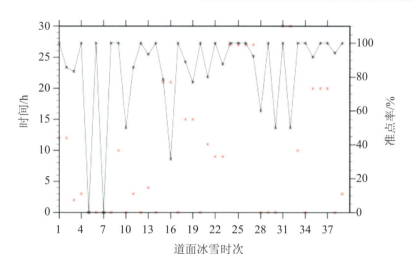

（c）持续时间

图 8-41　存在道面冰雪时各因子和准点率的对比（续）

8.3　特殊气象影响评估方法

对接特殊气象观测和预报输出内容和形式，考虑机场运行相关研究样本数量不够充分，样本形式偏向结果报告，可用信息少、提取难等因素，我们的研究采用气象灾害评估较为主流的层次分析法（AHP 法），按照承灾体易损性（危险性、暴露性、脆弱性和防灾减灾能力）梳理出可用于对特殊气象进行影响评估的关键指标，并将所涉及的各种因素层次化、分级化。我们采用机器学习技术对典型历史天气过程和航班数据的相关性进行分析，基于临界值+影响对象+应对措施的原则，研究采用专家咨询调查法和熵权法、确定综合评价的权重系数及指标贡献率，建立影响评估模型，采用加权综合评价法，分类计算特殊天气对不同方面的影响指数，形成影响等级。同时逐步建立并运行规则数据库，研究不同条件下的决策建议。

特殊气象发生时，产生的天气现象、气象要素的变化、对航空活动的影响是多方面的，复杂的，涉及天气本身的强度、相关要素变化、持续时间、终端区航路和机场结构、航班运行的复杂程度、机场保障、空管和航空公司政策等诸多方面，但是，航班是航空运行各环节保障和服务的最终对象，因此在研究特殊气象影响时，围绕航班计划开展研究，建立天气影响评估指标体系和评估模型。

基于对特殊气象影响因素的分析发现不同的特殊天气，影响航班运行的具体因素并不完全相同，雷暴天气对航班运行的影响是多种因素综合的结果，既要考虑雷暴本身的强度等因素，同时还要考虑其带来的要素场变化，而大雾等低能见度条件的影响则更多地反映在要素本身能否满足运行标准。因此，项目针对 4 类特殊天气条件的特点，分别采取了基于航班进离港延误、备降风险等分项影响指数的评估以及运行标准的评估。

8.3.1 雷暴天气影响评估方法

8.3.1.1 指标体系

表 8-16 所列为雷暴影响评估指标体系，其中所涉及的与时间间隔有关的指标，在实际应用时应考虑特殊气象预报周期和更新频次，未来 2 h 评估采用了逐 10 min 数据，未来 30 h 评估，采用了逐 3 h 数据。指标层等级划设参考相关国家标准、行业标准、历史气象数据和航班运行数据统计等。

表 8-16　雷暴影响评估指标体系

准则层（I）/权重	指标层	
	指标（W）/权重	各指标等级及贡献率（α）
出港航班延误指数（R_1） 危险性 B1	雷暴覆盖终端区/扇区面积	0.1%≤41 dBZ 终端区覆盖面积＜1%
		1%≤41 dBZ 终端区覆盖面积＜6.25%
		6.25≤41 dBZ 终端区覆盖面积＜12.5%
		12.5%≤41 dBZ 终端区覆盖面积
	终端区雷暴预计持续时间	(0～1.0 h]
		(1.0～2.0 h]
		(2.0h～4.0 h]
		＞4.0 h
	降水量	(0～2.5 mm/h]
		(2.5～8.0 mm/h]
		＞8.0 mm/h
	雷电强度平均	＞75
		(57.15～75]
		(35.5～57.15]
		(18.35～35.55]
		(0～18.35]
	雷电频次	＞35
		(21～35]
		(7～21]
		(5～10]
		(0～5]
暴露性 B2	计划起飞航班架次	[0～10)
		[10～20)
		[20～30)
		≥30

（续表）

准则层（I）/权重		指标层	
		指标（W）/权重	各指标等级及贡献率（α）
出港航班延误指数（R_1）	脆弱性 B3	雷暴距机场基准点距离	[0～5 km)
			[5～15 km)
			[15～30 km)
			[30～50 km)
			≥50 km
		雷电距机场基准点距离	[0～5 km)
			[5～15 km)
			[15～30 km)
			[30～50 km)
			≥50km
	防灾减灾能力 B4	有无异常告警（非气象）	/
进港航班延误指数（R_2）	危险性 B1	雷暴强度	0.1%≤41 dBZ 终端区覆盖面积<1%
			1%≤41 dBZ 终端区覆盖面积<6.25%
			6.25≤41 dBZ 终端区覆盖面积<12.5%
			12.5%≤41 dBZ 终端区覆盖面积
		雷暴持续时间	(0～1.0 h]
			(1.0～2.0 h]
			(2.0h～4.0 h]
			>4.0 h
		降水量	(0～2.5 mm/h]
			(2.5～8.0 mm/h]
			>8.0 mm/h
		雷电强度平均	>75
			(57.15～75]
			(35.5～57.15]
			(18.35～35.55]
			(0～18.35]
		雷电频次	>35
			(21～35]
			(7～21]
			(5～10]
			(0～5]

（续表）

准则层（*I*）/权重	指标层	
	指标（*W*）/权重	各指标等级及贡献率（*α*）
进港航班延误指数（*R₂*）	暴露性 B2 / 计划到达航班架次	[0～10)
		[10～20)
		[20～30)
		≥30
	脆弱性 B3 / 雷暴距机场基准点距离	[0～5 km)
		[5～15 km)
		[15～30 km)
		[30～50 km)
		≥50 km
	雷电距机场基准点距离	[0～5 km)
		[5～15 km)
		[15～30 km)
		[30～50 km)
		≥50 km
	防灾减灾能力 B4 / 有无异常告警（非气象）	/
航班备降概率（*F*）	危险性 B1 / 雷暴强度	0.1%≤41 dBZ 终端区覆盖面积＜1%
		1%≤41 dBZ 终端区覆盖面积＜6.25%
		6.25≤41 dBZ 终端区覆盖面积≤12.5%
		12.5%≤41 dBZ 终端区覆盖面积
	雷暴持续时间	(0～1.0 h]
		(1.0～2.0 h]
		(2.0h～4.0 h]
		＞4.0 h
	降水量	(0～2.5 mm/h]
		(2.5～8.0 mm/h]
		＞8.0 mm/h
	雷电强度平均	＞75
		(57.15～75]
		(35.5～57.15]
		(18.35～35.55]
		(0～18.35]
	雷电频次	＞35
		(21～35]
		(7～21]
		(5～10]
		(0～5]

（续表）

准则层（I）/权重	指标层	
	指标（W）/权重	各指标等级及贡献率（α）
暴露性 B2	从雷暴开始到距雷暴结束前 30 分钟期间的到达航班架次	[0～10)
		[10～20)
		[20～30)
		≥30
脆弱性 B3	雷暴距机场基准点距离	[0～5 km)
		[5～15 km)
		[15～30 km)
		[30～50 km)
		≥50 km
	雷电距机场基准点距离	[0～5 km)
		[5～15 km)
		[15～30 km)
		[30-50 km)
		≥50 km
防灾减灾能力 B4	有无异常告警（非气象）	/

注：航班备降概率（F）为准则层首列合并单元格内容。

8.3.1.2 算例

下面选用 2021 年 8 月 3 日的雷暴过程，基于逐 10 min 更新的未来 2 h 预报产品（图 8-42），利用评估模型开展航班起飞延误影响评估。评估过程如下。

西安机场终端区 202108032300

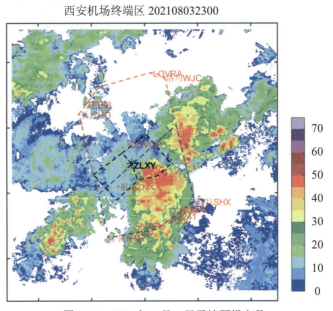

图 8-42　2021 年 8 月 3 日雷达预报产品

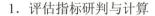
1. 评估指标研判与计算

按评估指标层级化准则，研判雷雨影响航班起飞所涉及的评估指标。

（1）危险性准则。主要体现雷暴天气本身特征，包括：①雷暴强度指标，基于达到雷暴回波强度最低回波值的回波覆盖终端区面积比例进行分级，本算例基于逐 10 min 更新的未来 2 h 雷达预报产品计算；②雷暴预计持续时间，根据西安地区多年雷暴天气统计规律进行分级；③降水量，基于民航气象降水天气强度等级对应的降水量进行分级；④雷电强度，基于西安地区雷电多年统计规律对雷电强度进行分级，本算例基于逐 10 min 更新的未来 2 h 雷电预报产品，计算逐 10 min 强度平均；⑤雷电频次，基于西安地区雷电多年统计规律对雷电频次进行分级，本算例基于逐 10 min 更新的未来 2 h 雷电预报产品，计算逐 10 min 频次。

（2）暴露性准则。考虑暴露在雷暴天气条件下的航班架次，同等天气强度下，航班架次越多，导致不正常率越高。根据历史航班正常性统计。

（3）脆弱性准则。以机场基准点作为目标点，考虑雷暴和雷电距机场基准点距离。等级划设主要考虑覆盖机场跑道、机场区域、终端或进近以及航空公司避让雷雨距离要求等因素。①雷暴距机场基准点距离，综合考虑回波强度、回波面积、回波位置、对流维持时间等因素对雷达组合反照率因子进行数据清洗，得到有效雷暴区域，计算每个区域离机场的最近点，取最小值作为指标所需数值计算距离；②雷电距机场基准点距离，按照逐 10 min 雷电位置平均值计算。

（4）防灾减灾能力准则。此准则对于航班延误是负贡献。主要考虑机场在保障航班运行各环节是否出现异常告警，如果出现告警防灾减灾能力下降。本算例不考虑此准则。

2. 计算与结论

将各指标逐 10 min 计算值进行归一化处理，利用模型给出的准则层和指标层权重以及各指标等级贡献率，进行加权计算，得到出港航班延误指数 R_1，根据模型给定阈值得到影响等级为

$$R_1 = IB_1 \times (W_{B1} \times \alpha) + I_{B2} \times (W_{B2} \times \alpha) + I_{B3} \times (W_{B3} \times \alpha) - I_{B4} \times (W_{B4} \times \alpha)$$

式中，R_1 表示雷暴天气出港航班延误指数；I_{B1}，I_{B2}，I_{B3}，I_{B4} 分别表示危险性、暴露性、脆弱性和防灾减灾能力指数；W_{B1}，W_{B2}，W_{B3}，W_{B4} 分别为对应指标的权重；α 表示各指标贡献率。

本算例基于 2021 年 8 月 3 日 00：00—24：00 雷暴天气预报值和雷电预测产品对西安机场航班起飞影响评估。图 8-43 所示为 2021 年 8 月 3 日西安机场计划起飞架次情况，图 8-44 所示为 2021 年 8 月 3 日西安机场航班起飞延误预警等级，图 8-45 所示为 2021 年 8 月 3 日西安机场逐小时正常航班比例。通过对比当天航班运行情况，起飞延误评估结论与起飞航班正常性情况基本吻合。

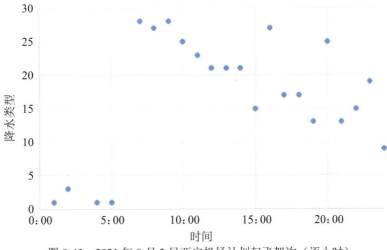

图 8-43 2021 年 8 月 3 日西安机场计划起飞架次（逐小时）

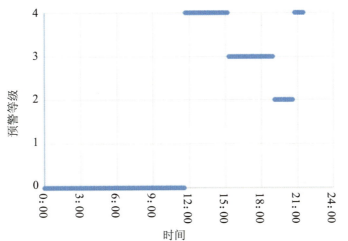

图 8-44 2021 年 8 月 3 日西安机场航班起飞延误预警等级

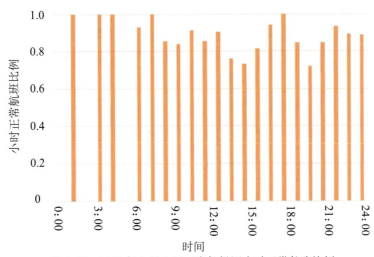

图 8-45 2021 年 8 月 3 日西安机场逐小时正常航班比例

8.3.2 低能见度影响评估方法

能见度是决定航班能否起降、机场运行标准的关键要素之一。能见度的影响主要考虑能见度数值本身并结合其他气象要素值。我们基于 VIS 与 RVR 转换的统计结论，当机场发生低能见度天气时，将 VIS 值转换成 RVR 区间值，并提供这个区间值的转换概率，结合机场云底高度、对照各跑道仪表着陆系统运行标准，可提供各跑道运行标准决策建议，见表 8-17 所列。

表 8-17 RVR 替换 VIS 参照表

VIS/m	RVR≥VIS 概率（历史统计）	VIS 值替换成 RVR 值	决策建议
[0,100)	≥95%	可以替换	不满足 II 类（CAT II）运行标准
[100,200)	≥85%	可以替换	不满足 II 类（CAT II）运行标准
[200,300)	65%～70%	RVR≥200：60% 谨慎替换	不满足 II 类（CATII）运行标准
[300,400)	64.0%～65%	RVR≥200：70-80% 谨慎替换	不满足 II 类（CAT II）运行标准
		RVR≥250：60-70% 谨慎替换	不满足 II 类（CAT II）运行标准
		RVR≥300：60% 谨慎替换	谨慎启动 II 类（CAT II）运行标准
		VR≥350：60% 谨慎替换	谨慎启动 II 类（CAT II）运行标准
[400,500)	≥85%	RVR[200,300)：90% 可以替换	不满足 II 类（CAT II）运行标准
		RVR[300,400)：70%～90% 可以替换	考虑启动 II 类（CAT II）运行标准
		RVR[400,550)：60%～80% 谨慎替换	建议启动 II 类（CAT II）运行标准
		RVR≥550：60%～70% 谨慎替换	建议启动 II 类（CAT II）运行标准，谨慎启动 I 类（CAT I）运行标准
[500,600)	≥85%	RVR≥450：90% 可以替换	建议启动 II 类（CT II）运行标准，谨慎启动 I 类（CAT I）运行标准
		RVR≥550：80% 可以替换	满足 II 类（CAT II）运行标准，考虑启动 I 类（CAT I）运行标准
[600,700)	≥90%	RVR≥550：90% 可以替换	满足 II 类（CAT II）运行标准，建议启动 I 类（CAT I）运行标准
[700,800)	≥90%	可以替换	满足 I 类（CAT I）运行标准
[800,～)			满足 I 类（CAT I）运行标准

注：此表暂未考虑云底高度、跑道和航空器类型。

　　此外，我们使用主导能见度对西安机场航班的准点率进行影响评估，并建立评估模型。通过进一步分析数据发现，在持续性低能见度天气事件中，主导能见度与相应时刻的航班准点率有显著的正相关关系，通过散点图绘制和回归分析可以发现不同持续性低能见度天气条件下的结果（图 8-46、图 8-47）。在计算过程中，选取了北京时间 08-23 点航班量比较多的时间段的主导能见度和航班运行数据，以确保航班运行数据具有代表性。

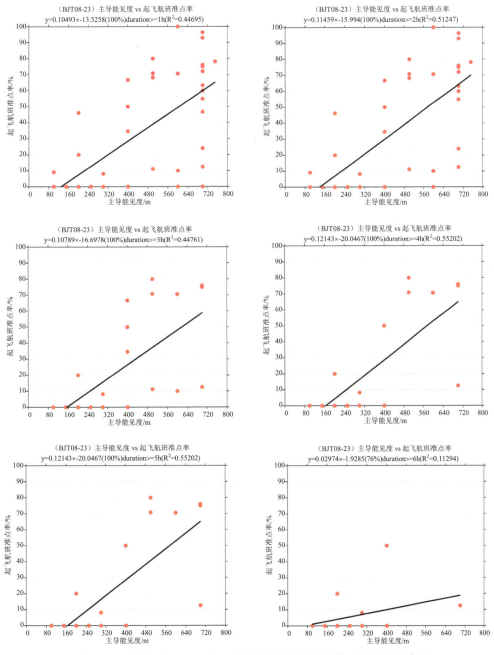

图 8-46　不同持续性主导能见度和起飞航班准点率散点图和回归结果

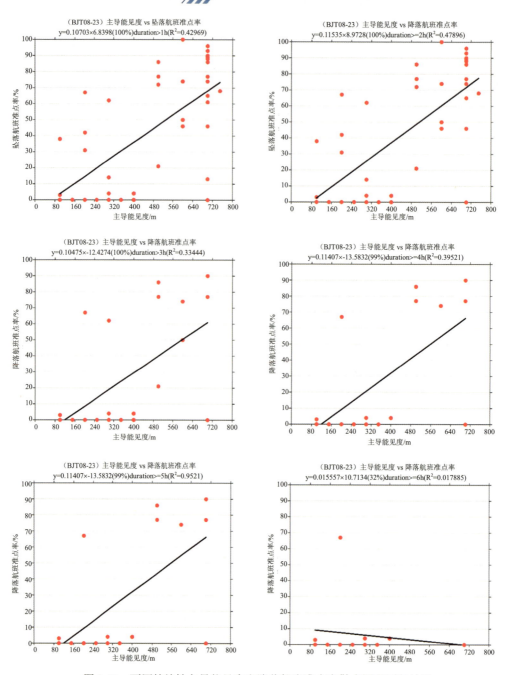

图 8-47　不同持续性主导能见度和降落航班准点率散点图和回归结果

可以发现，低能见度天气从持续 1 h 到持续 5 h，回归模型的回归系数相差不大，有一定的波动特征。但分析持续 6 h 以上的结果，发现样本数量明显减少，而且相应的起飞和降落航班准点率都很低，接近 0。所以回归模型对于持续 5 h 以内的情况比较适用，更长的持续性低能见度天气可以简单将准点率预报为 0。具体评估模型见表 8-18、表 8-19所列。

表 8-18 不同持续性低能见度天气下的起飞航班准点率评估模型

持续时间以上/h	回归模型 Y：准点率/% X：主导能见度/m	显著性水平	解释方差
1	Y=0.1049*X-13.5259	99%	44.695%
2	Y=0.1146*X-15.9940	99%	51.247%
3	Y=0.1079*X-16.6978	99%	44.761%
4	Y=0.12143*X-20.0467	99%	55.202%
5	Y=0.12143*X-20.0467	99%	55.202%
≥6	Y=0		

表 8-19 不同持续性低能见度天气下的降落航班准点率评估模型

持续时间以上/h	回归模型 Y：准点率(%) X：主导能见度/m	显著性水平	解释方差
1	Y=0.10703*X-6.8398	99%	42.969%
2	Y=0.11535*X-8.9728	99%	47.986%
3	Y=0.10475*X-12.4274	99%	33.444%
4	Y=0.11407*X-13.5832	99%	39.521%
5	Y=0.11407*X-13.5832	99%	39.521%
≥6	Y=0		

8.3.3 低空风切变影响评估方法

（1）针对特定航班，可根据航空公司飞机性能数据手册，制作风速限制表。根据风速限制表，结合气象预报，可获取当前或未来某一时段风速超过阈值的累积时间，提供航班放行决策建议。表 8-20 所列为某航空公司飞机性能数据。

表 8-20 某航空公司各机型风速限制表

风向	机型			
	ERJ190		B737-700/800	
	干跑道	湿跑道	干跑道	湿跑道
180	15	12	17	12
190	15.24	12.19	17.27	12.19
200	15.96	12.77	18.09	12.77
210	17.33	13.86	19.64	13.86
220	19.59	15.67	22.19	15.67
230	23.34	18.67	26.46	18.67
240	30	24	30.03	24
250	27.68	27.68	27.68	27.68

（续表）

风向	机型			
	ERJ190		B737-700/800	
	干跑道	湿跑道	干跑道	湿跑道
260	26.41	26.41	26.41	26.41
270	26	26	26	26
280	26.41	26.41	26.41	26.41
290	27.68	27.68	27.68	27.68
300	30	24	30.03	24
310	23.34	18.67	26.46	18.67
320	19.59	15.67	22.19	15.67
330	17.33	13.86	19.64	13.86
340	15.96	12.77	18.09	12.77
350	15.24	12.19	17.27	12.19
360	15	12	17	12

（2）针对机场跑道运行和航班总体运行，可根据机场跑道侧风和顺风限制标准，结合风预报结论、航班密度、跑道条件研究开展跑道使用评估和航班进出港影响综合评估。表 8-21 所列为大风天气影响评估指标体系。

表 8-21　大风天气影响评估指标体系

准则层（I）/权重		指标层	
		指标（W）/权重	各指标等级及贡献率（α）
出港航班延误指数（R）	危险性 B1	跑道风低于起飞标准持续时间	(0～1.0 h]
			(1.0～2.0 h]
			(2.0 h～4.0 h]
			＞4.0 h
	暴露性 B2	计划起飞航班架次	[0～10)
			[10～20)
			[20～30)
			≥30
	脆弱性 B3	跑道条件	有冰的跑道
			实雪/积水/雪浆/湿雪/干雪
			湿跑道
	防灾减灾能力 B4	有异常告警（非气象）1	/
		无异常告警（非气象）0	/

（续表）

准则层（I）/权重	指标层	
	指标（W）/权重	各指标等级及贡献率（α）
进港航班延误指数（R） 危险性 B1	跑道风低于着陆标准持续时间	(0～1.0 h]
		(1.0～2.0 h]
		(2.0 h～4.0 h]
		>4.0 h
暴露性 B2	计划到达航班架次	[0～10)
		[10～20)
		[20～30)
		≥30
脆弱性 B3	跑道条件	有冰的跑道
		实雪/积水/雪浆/湿雪/干雪
		湿跑道
防灾减灾能力 B4	有异常告警（非气象）1	/
	无异常告警（非气象）0	/
航班备降指数（R） 危险性 B1	跑道风低于着陆标准持续时间	(0～1.0 h]
		(1.0～2.0 h]
		(2.0 h～4.0 h]
		>4.0 h
暴露性 B2	预计低标准状况结束前 30 min 期间的到达航班架次	[0～10)
		[10～20)
		[20～30)
		≥30
脆弱性 B3	跑道条件	有冰的跑道
		实雪/积水/雪浆/湿雪/干雪
		湿跑道

8.3.4 道面冰雪影响评估方法

由于西安机场道面冰雪有效数据限制，对于道面冰雪过程目前难以通过定量的分析得到合理取值，因此采用专家打分法来确定权重。专家打分法是指通过匿名方式征询有关专家的意见，对专家意见进行统计、处理、分析和归纳。通过发放问卷等形式得到专家意见并汇总，之后对数据进行缺失值处理，然后对进行数据预处理后的每一列特征数

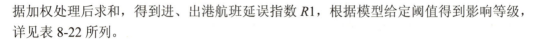

据加权处理后求和，得到进、出港航班延误指数 R1，根据模型给定阈值得到影响等级，详见表 8-22 所列。

表 8-22　道面冰雪影响评估指标体系

准则层（I）/权重		指标层	
		指标（W）/权重	各指标等级及贡献率（α）
出港航班延误指数（R_1）	危险性 B1	降水强度	小雨（雪）
			中雨（雪）
			大雨（雪）
			暴雨（雪）
		降水类型	雨
			雪
		道面温度	≥0°
			<0°
		道面状态	干燥
			潮湿
			冰雪
	暴露性 B2	计划起飞航班架次	[0～10)
			[10～20)
			[20～30)
			≥30
	防灾减灾能力 B3	有无异常告警（非气象）	/
进港航班延误指数（R_2）	危险性 B1	降水强度	小雨（雪）
			中雨（雪）
			大雨（雪）
			暴雨（雪）
		降水类型	雨
			雪
		道面温度	≥0°
			<0°
		道面状态	干燥
			潮湿
			冰雪
	暴露性 B2	计划到达航班架次	[0～10)
			[10～20)
			[20～30)
			≥30
	防灾减灾能力 B3	有无异常告警（非气象）	/

（续表）

准则层（I）/权重		指标层	
		指标（W）/权重	各指标等级及贡献率（α）
备降概率（F）	危险性 B1	降水强度	小雨（雪）
			中雨（雪）
			大雨（雪）
			暴雨（雪）
		降水类型	雨
			雪
		道面温度	$\geqslant 0°$
			$< 0°$
		道面状态	干燥
			潮湿
			冰雪
	暴露性 B2	前 30 min 延误/计划到达航班架次	[0～20%)
			[20%～50%)
			[50%～70%)
			$\geqslant 70\%$
	防灾减灾能力 B3	有无异常告警（非气象）	/

8.4 特殊气象主动防范预警技术

8.4.1 雷暴主动防范预警

8.4.1.1 雷暴预警策略

1. 雷暴天气影响因素分析

（1）临界值

雷暴天气的临界值主要包括：

①降雨量和小时雨强：采用《民用航空气象地面观测规范》雨强划分标准（表 8-23），同时参考中国气象局降雨量等级划分标准（表 8-24）。

②雷达回波强度：参见雷暴危险等级划分表中关于雷达回波强度等级划分。

③雷暴云范围：本研究结合了西安终端区范围和航路结构，研究雷暴云位置和范围对终端区内空中及地面活动影响的程度，划分影响等级。

④闪电位置和强度：包括电流强度、经纬度、统计频次等数据，结合机场和空域结构、航班信息，分析闪电位置和强度对机场和终端区影响。

表 8-23　民航气象降雨量划分等级表

雨、阵雨、冻雨	小（轻）	中等	大（浓、强）
	降雨强度小于或等于 2.0 mm/h	降雨强度为 2.6～8.0 mm/h	降雨强度为大于或等于 8.1 mm/h

表 8-24　中国气象局不同时段的降雨量等级划分表

等级	时段降水量/mm	
	12 h 降水量	24 h 降水量
微量降水（零星小雨）	<0.1	<0.1
小雨	0.1～14.9	0.1～9.9
中雨	5.0～14.9	10.0～24.9
大雨	15.0～29.9	25.0～49.9
暴雨	30.0～69.9	50.0～99.9
大暴雨	70.0～139.9	100.0～249.9
特大暴雨	≥140.0	≥250.0

（2）影响对象

降水影响包括：

①机场现场运行指挥与保障作业。

②航班地面运行和空中飞行正常、效率与安全。

③空中交通指挥和空域通行能力。

（3）应对措施

根据行业规章和文件，整理在雷暴天气下不同的影响对象的应对策略，形成以下应对措施或建议及《西安机场不利条件运行等级》《西北空管局大面积航班延误分级预警示例》等相关措施。表 8-25 所列为雷电天气下的机坪操作，表 8-26 所列为雷暴天气下的航空器飞行策略。

表 8-25　雷电天气下的机坪操作

一般规定	雷暴/闪电（云对云、云对地）
启动"恶劣天气应急处置预案"，及时通知各保障部门，继续监控并通报天气状况	收到雷暴/闪电告警，准备启动"停止"命令
	接到"停止"命令，执行"停止"命令
	注意雷暴/闪电保护

表 8-26 雷暴天气下的航空器飞行策略

指标		起飞	进近	着陆	备降	绕飞
距离	明显的雷雨区距离机场 20 km 内	雷雨区位置反方向；或推迟	雷雨区位置反方向；或推迟	雷雨区位置反方向；或推迟	可选项	绕飞中等强度雷暴时，应考虑到绕飞后的航线结构、地形余度
距离和方位	着陆航道 5 km 和复飞航道 3 km 内有雷雨且向航道移动	///	×	×	√	
雨强	昼间大雨	×	×	×	√	
	夜间中雨（含）	×	×	×	√	
回波强度	严重雷雨				≥20 nmi	
	具有很强雷达回波（需界定）				≥20 nmi	

2. 雷暴改航路径

雷暴是雷雨季节常见的天气之一，根据西安地区雷达和卫星资料统计，散点状雷暴对西安机场飞行区航空活动有重要影响。我们给出了一种散点状雷暴危险天气下终端区航空器绕飞雷暴的路径，建立以改航点数量最少及改航路径最短为目标的多目标函数，研究散点状雷暴危险天气下航空器的改航策略。

（1）确定雷暴受限区

雷暴受限区划设应考虑雷暴影响区域限制，在雷暴活动区域范围外增设雷暴波及区域，继而确定最终的单体受限区。根据民航咨询通告 AC-31-FS-2014-20，绕飞雷暴的间隔标准为飞机绕飞雷暴在雷达回波区时，应保持飞机在距离回波边界 30 km（20 mi）外；对于强烈雷暴回波的绕飞，绕飞间距至少要达到 30 km（20 mi）（如果要从两个雷达回波中间穿越，必须保证回波间至少要有 60 km（40 mi）的间隔）。雷暴波及区域的范围，在满足上述咨询通告的前提下，基于安全性，考虑雷暴危险等级来确定。参照现有基于垂直累计液态含水量和雷达回波数据划分恶劣天气的技术，且当雷达回波强度 ≥41 dBZ 时，航空器需进行改航。雷暴危险 4 个等级划分见表 8-27 所列。

表 8-27 雷暴危险等级划分

等级	降水量/mm/hr	回波强度/dBZ
1	13.3～27.3	41～46
2	27.3～48.6	46～50
3	48.6～133.2	50～57
4	>133.2	≥57

雷暴危险等级越强，对其所在区域外围航空器的影响越大，为保障安全，雷暴波及区域的划设也应越大。当雷暴危险等级为 1 级时，可按绕飞雷暴的间隔标准划设雷暴波及区域（30 km）；随着雷暴危险等级的上升，雷暴波及区域的范围也应不断外扩，一般根据实际情况按等级 2，3，4 相应确定。

结合各个雷暴活动区域及其雷暴波及区域，确定各个雷暴受限区域。利用圆形或椭圆形对各雷暴受限区的轮廓进行逼近，得到近似圆形的雷暴受限区。

（2）判断飞机能否通过雷暴受限区

判断固定时间片内飞机能否通过雷暴受限区，通过判断改航路径的各改航路径段与雷暴受限区是否相交来确定。依据现实情况，确定起始点及结束点的经纬度坐标，应用高斯投影正算得到起始点、结束点的平面直角坐标，以改航起始点及改航结束点为线段的端点，确定改航路径段方程。给出判断飞机能否通过圆形雷暴受限区和椭圆形雷暴受限区的方法。如图 8-48 所示，当雷暴受限区近似为圆形时，若满足圆与改航路径段不相交，且改航路径满足转弯角度限制，则飞机能通过圆形雷暴受限区；否则，飞机不能通过圆形雷暴受限区。

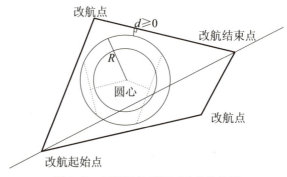

图 8-48　圆形雷暴受限区改航路径图

如图 8-49 所示，当雷暴受限区近似为椭圆形时，若满足椭圆与改航路径段不相交，且改航路径满足转弯角度限制，则飞机能通过椭圆形雷暴受限区；否则，飞机不能通过椭圆形雷暴受限区。

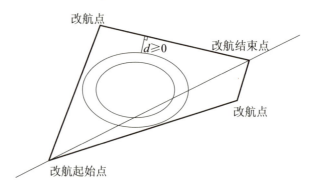

图 8-49　椭圆形雷暴受限区改航路径图

（3）散点状雷暴改航路径

按时段判断飞机沿改航路径航行能否通过雷暴受限区并确定改航点数量。建立以改航点数最少及改航路径最短为目标的多目标函数，确定最优改航路径。得到各改航点直角坐标的值，通过高斯投影反算，得到改航点的经纬度坐标，确定改航路径。

8.4.2 低能见度主动防范预警

利用预报的主导能见度产品，进行机场起飞和降落航班的预报，具体预报模型见表8-28、表 8-29 所列。利用预报结果，对机场低能见度天气进行预警。预报的准点率可以分为 5 个级别：0～20%为红色，20%～40%为橙色，40%～60%为黄色，60%～80%为绿色，80%～100%为蓝色。不同的预报结果进行不同等级的预警。

表 8-28 基于主导能见度预报结果的起飞航班准点率预报模型

持续时间以上/h	预报模型 Y：准点率/% X：主导能见度/m
1	$Y=0.1049*X-13.5259$
2	$Y=0.1146*X-15.9940$
3	$Y=0.1079*X-16.6978$
4	$Y=0.12143*X-20.0467$
5	$Y=0.12143*X-20.0467$
≥6	$Y=0$

表 8-29 基于主导能见度预报结果的降落航班准点率预报模型

持续时间以上/h	Y：准点率/% X：主导能见度/m
1	$Y=0.10703*X-6.8398$
2	$Y=0.11535*X-8.9728$
3	$Y=0.10475*X-12.4274$
4	$Y=0.11407*X-13.5832$
5	$Y=0.11407*X-13.5832$
≥6	$Y=0$

8.4.3 低空风切变主动防范预警

如图 8-50 所示，利用预报的风向风速数据，计算不同高度的低空风切变，分别为150～270 m，270～390 m，390～510 m，510～630 m 高度，并识别不同高度层的风切变强度，并根据不同高度层的风切变强度确定该位置的总体强度。

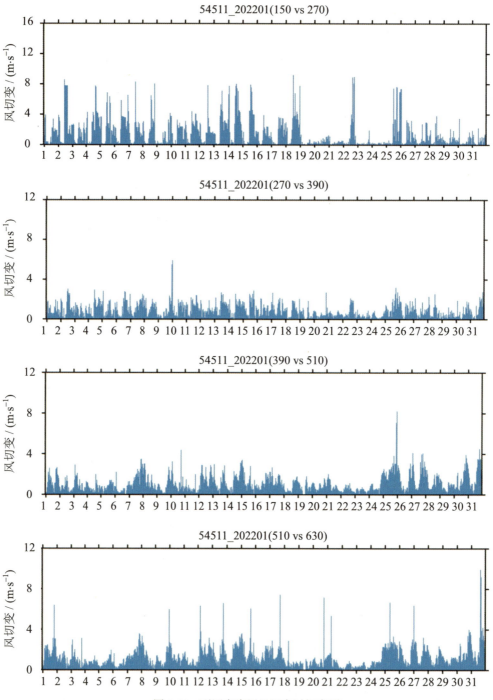

图 8-50　不同高度层风切变时间序列

识别出西安机场终端区出现风切变后，将风切变的强度和位置显示在低空风切变预警界面（图 8-51）。点击不同位置的低空风切变，可以进一步获得不同高度的风切变强度（图 8-52），从而有助于选择避开强风切变高度，合理规划进离港航线。

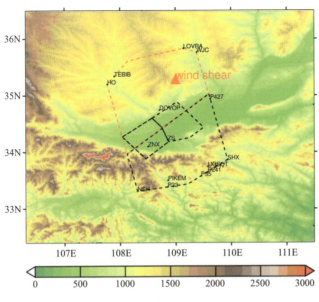

图 8-51 低空风切变预警显示

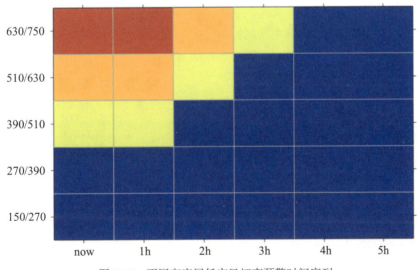

图 8-52 不同高度层低空风切变预警时间序列

8.4.4 道面冰雪主动防范预警

西安机场运行指挥相关规定涉及在道面冰雪天气下机场不利条件运行等级和机坪的应对措施，以及空管单位有关道面冰雪天气下航空器运行保障应对措施（表 8-30）。2 h 预警可根据表 8-22 建立的指标体系计算预警等级并发布；30 h 的逐小时预警等级除了考虑气象要素值，还需将冰雪天气持续时间与预警等级相联系。

表 8-30　地面结冰天气下的机坪操作

一般规定	地面结冰（机场道面或活动区）
启动"恶劣天气应急处置预案"，及时通知各保障部门，继续监控并通报天气状况	各部门按恶劣天气规定操作即可，不必详细建议

8.5　西安机场夏季高温航空器起飞减载分析

我们以飞机的最大允许起飞全重为起飞载重量，计算随着温度的变化，飞机起飞滑跑距离增加的长度，与西安咸阳国际机场现有跑道长度进行对比，开展飞机起飞减载。

8.5.1　相关概念

起飞性能：涉及起飞阶段中各段的性能，飞机起飞阶段由起飞滑跑和起飞飞行阶段两部分组成，我们主要研究的是飞机起飞滑跑阶段的性能。起飞性能计算最终可以表现为飞机起飞滑跑距离即起飞所需跑道长度等。

起飞滑跑距离：指飞机从起飞线开始，加速滑跑到离地所经过的水平距离。起飞滑跑距离受海拔高度、起飞重量、风向、跑道路面情况的影响。

飞机的最大起飞重量：指该型飞机根据结构强度、发动机功率、刹车效能限制等因素而确定的飞机在起飞线加大马力起飞滑跑时全部重量的最大限额，故又称为最大起飞全重。

机场跑道：指飞机场内用来供应航空飞行器起飞或降落的超长条形区域，其材质可以是沥青或混凝土，或者是弄平的草、土或碎石地面，也可以是水面，甚至可以是木板、页岩、珊瑚虫、黏土等铺设的。一个机场飞行区的等级一般看的是机场跑道的等级，跑道的性能及相应的设施决定了什么等级的飞机可以使用这个机场。

机场标高：机场跑道着陆区内最高点距离平均海平面（mean sea level）的垂直距离称为机场标高。

机场基准温度：本研究的重要计算参数，是年最热月，日最高气温的月平均值，至少是五年以上的平均值。西安机场基准温度是 32.2 ℃。基准温度是修建机场时确定跑道长度的参数之一，是历史数据统计出来的固定值，机场跑道长度固定后，能够允许运行的航空器类型和各机型特别是允许运行的最大机型的起飞重量和滑跑距离等起飞性能有关参数是有上限的。

随着全球升温，首先，当机场实时温度超过基准温度时，某些机型特别是最大允许机型的起飞载重量会下降；其次，机场高温天气的增多，不但超过基准温度的天数增多，而且机场实际基准温度也会相应升高，航班起飞减载事件会呈上升趋势，这就意味着机场的运行效率会下降。研究这种规律，对于评估机场高温天气的运行效率、评估未来机场跑道扩建的需求都有现实意义。

8.5.2 西安机场夏季温度和基准温度变化趋势

资料显示，西安机场每年的最热月为 7 月或 8 月，在计算基准温度变化时，为保证覆盖所有高温月份，选取 6—8 月数据。本研究选取 2010—2019 年的十年间西安机场 METAR 报文数据，计算 2010—2019 年每年 6—8 月的平均温度（表 8-31），筛选出各年最热月。2010—2019 年这十年期间，除了 2013 年、2016 年和 2018 年的年最热月份为 8 月，其余年份年最热月份均为每年的 7 月。

此外，通过数据分析发现，西安机场近年来极端高温事件频发，就 2017 年来说，2017 年月平均气温最高的为 7 月，而 7 月中每天的最高温度有 11 天达到了 40 ℃以上，月平均最高气温为 36.29 ℃，对于大型客机起飞性能有明显负面影响。

表 8-31 西安机场 2010—2019 年 6—8 月平均温度

年份	月份	平均温度/℃	年份	月份	平均温度/℃
2010	6	25.2667	2015	6	23.2514
2010	7	27.1774	2015	7	27.0148
2010	8	24.5753	2015	8	24.9059
2011	6	25.2847	2016	6	25.8236
2011	7	26.1237	2016	7	27.7648
2011	8	24.1879	2016	8	27.9745
2012	6	25.6542	2017	6	24.9347
2012	7	26.9032	2017	7	29.75
2012	8	24.8387	2017	8	25.3763
2013	6	26.4417	2018	6	25.4153
2013	7	26.5215	2018	7	27.7137
2013	8	27.0605	2018	8	28.4785
2014	6	24.8667	2019	6	24.3222
2014	7	28.3992	2019	7	26.5349
2014	8	23.9449	2019	8	25.7823

计算各年最热月日最高温的月平均值，并计算逐五年平均值，得到 2010—2019 年西安机场基准温度及其变化（表 8-32）。如图 8-53 所示，自 2010 年起，西安机场基准温度呈现逐渐升高的态势，未来有继续升高的趋势。

表 8-32　西安机场 2010—2019 年的基准温度

年份/年	基准温度/℃
2010—2014	32.3828
2011—2015	32.8516
2012—2016	33.3161
2013—2017	34.1677
2014—2018	34.5355
2015—2019	34.0387

备注：西安机场现行基准温度是 32.2 ℃

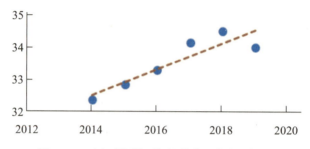

图 8-53　西安咸阳国际机场基准温度变化趋势

如图 8-54 所示，以每小时为一个时间段，利用 2005—2019 年西安机场 MATAR 数据，统计发现机场气温达到 35 ℃时段数呈增长态势，未来有继续增多的趋势。

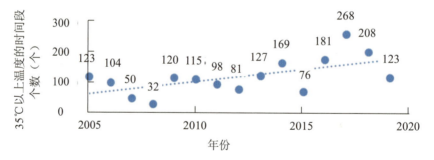

图 8-54　西安机场高温（≥35 ℃）小时数增长趋势

8.5.3　机型选取

国内干线主飞机型包括波音 737、空客 320 等，对于大型运输机场，这类机型以最大允许起飞全重起飞时对于跑道长度的要求较低，即使在极端高温情况下满载起飞，对跑道长度的要求也不会很高。西安机场飞机区等级为 4F 级，拥有两条跑道，其中 05R/23L 跑道为 3800 m×60 m，（4F）、05L/23R 跑道为 3000 m×45 m（4E）。因此，西安机场高温减载研究主要分析对象为所需起飞滑跑距离较长、对机场跑道长度要求较高的机型。根据西安机场目前可运行机型，选取 B787-9、B747-8、A330-300 为代表机型开展研究。

8.5.4 计算方法

飞机在标准条件下满载起飞所需的跑道长度 R_0，飞机在干跑道、无坡度、无风时的全发起飞滑跑距离 R_N，乘以 1.15 倍作为飞机需用起飞滑跑距离 R_G。

在最大起飞全重和使用空机重范围内，在西安机场的跑道条件下，建立温度与载重量的函数关系，计算减载温度阈值，以及气温超过阈值后所需减载的重量，通过代码实现快速计算。主要公式为

$$\rho = \frac{P}{RT} \quad (P \text{ 取标准大气压 } 1013 \text{ hpa})$$

$$V_R = \sqrt{2W / \rho S_W C_L}$$

$$R_N = \frac{(V_R - V_W)^2}{2g(T_0 / W - \mu - \phi)}, \quad (\text{无风时 } V_W = 0, \text{ 无坡度 } \phi = 0)$$

$$R_G = 1.15 R_N$$

8.5.5 结果分析

8.5.5.1 滑跑距离计算结果分析

各机型起飞部分参数计算结果见表 8-33～表 8-35 所列。图 8-55 所示为三种机型在不同基准温度下的离地速度，图 8-56 所示为三种机型在不同基准温度下的起飞滑跑距离。

表 8-33 B787-9 起飞部分参数计算结果

阶段	基准温度 $T/℃$	大气密度 $\rho/(\text{kg/m}^3)$	离地速度 $V_R/(\text{m/s})$	起飞地面滑跑距离 R_N/m	所需起飞滑跑距离 R_G/m
1	32.3828	1.1550	79.1542	3288.3675	3781.6226
2	32.8516	1.1532	79.2149	3293.4130	3787.4250
3	33.3161	1.1515	79.2750	3298.4123	3793.1742
4	34.1677	1.1483	79.3850	3307.5779	3803.7146
5	34.5355	1.1469	79.4325	3311.5364	3808.2669
6	34.0387	1.1488	79.3684	3306.1895	3802.1179

表 8-34 B747-8 起飞部分参数计算结果

阶段	基准温度 $T/℃$	大气密度 $\rho/(\text{kg/m}^3)$	离地速度 $V_R/(\text{m/s})$	起飞地面滑跑距离 R_N/m	所需起飞滑跑距离 R_G/m
1	32.3828	1.1550	80.4888	3176.2144	3652.6465
2	32.8516	1.1532	80.5505	3181.0878	3658.2510
3	33.3161	1.1515	80.6116	3185.9166	3663.8041
4	34.1677	1.1483	80.7235	3194.7696	3673.9850
5	34.5355	1.1469	80.7718	3198.5931	3678.3821
6	34.0387	1.1488	80.7066	3193.4285	3672.4428

表 8-35　A330-300 起飞部分参数计算结果

阶段	基准温度 $T/℃$	大气密度 $\rho/(kg/m^3)$	离地速度 $V_R/(m·s^{-1})$	起飞地面滑跑距离 R_N/m	所需起飞滑跑距离 R_G/m
1	32.3828	1.1550	71.4082	2757.4767	3171.0982
2	32.8516	1.1532	71.4630	2761.7077	3175.9639
3	33.3161	1.1515	71.5172	2765.8999	3180.7849
4	34.1677	1.1483	71.6165	2773.5857	3189.6235
5	34.5355	1.1469	71.6594	2776.9051	3193.4409
6	34.0387	1.1488	71.6015	2772.4214	3188.2847

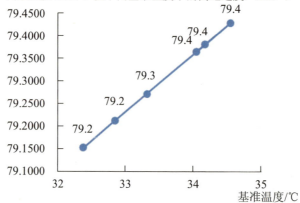

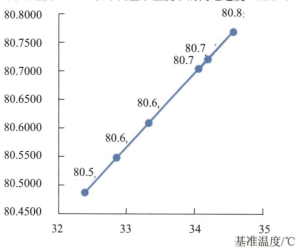

图 8-55　三种机型在不同基准温度下的离地速度

离地速度 A330-300 在不同基准温度下的离地速度/（m·s⁻¹）

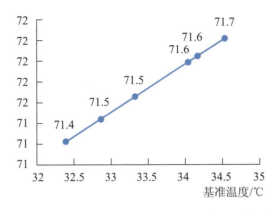

图 8-55　三种机型在不同基准温度下的离地速度（续）

起飞滑跑距 B747-9 在不同基准温度下的起飞滑跑距离/m

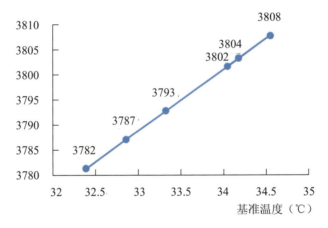

起飞滑跑距 B747-8 在不同基准温度下的起飞滑跑距离/m

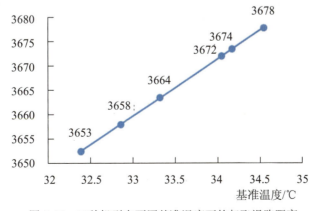

图 8-56　三种机型在不同基准温度下的起飞滑跑距离

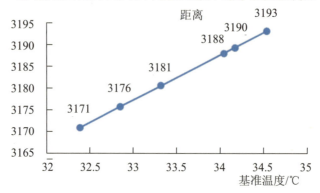

起飞滑跑距 A330-300 在不同基准温度下的起飞滑跑距离/m

图 8-56　三种机型在不同基准温度下的起飞滑跑距离（续）

8.5.5.2　高温天气下减载结果分析

三种机型 MTOW 起飞减载温度阈值见表 8-36 所列。

表 8-36　三种机型 MTOW 起飞减载温度阈值

机型	B787-9	B747-8	A330-300
3800 m 跑道需减载温度阈值/℃　05R 23L	33.9	44.7	≥50
3000 m 跑道需减载温度阈值/℃	≤0	≤0	≤16

因为基准温度是一个 5 年的平均值，并不是实时的大气温度，使用性能公式计算出的滑跑距离有些机型还没有达到跑道长度限制。根据西安机场多年气温资料，极易出现高温天气，就 2017 年来说，2017 年月平均气温最高的为 7 月，而 7 月中的日最高温度有11 天达到了 40 ℃以上，月平均最高气温为 36.3 ℃。随着夏季极端高温事件越来越多，大型民航客机通过减载来确保起飞安全的概率呈现增加趋势。综合西安机场目前运行的主要机型，表 8-37 所列为西安机场主要机型减载风险气温阈值。

表 8-37　西安机场主要机型减载风险气温阈值

机型	05R/23L	05L/23R
B787-9	≥34 ℃	—
B747-8	≥45 ℃	—
A330-300	—	≥16 ℃不建议使用此跑道
B737 系列	—	—
A320 系列	—	—
MD90	—	—
CRJ-200	—	—
A319	—	—
EMB145	—	—

需要指出的是，实际航班运行过程中，起飞载重量与 MTOW 并不一定相等，本研究基于 MTOW 计算的起飞减载温度阈值具有一定局限性，可以作为航空公司减载决策的有效提示和参考，在获得实际飞机起飞重量的条件下，可做更为精确的减载计算和评估。

8.6 小 结

本章聚焦于机场飞行区特殊气象评估与预警技术研究，建立基于 2 h 预报结论的四类特殊天气影响主要评估方法，研究雷暴天气下的机场航班运行、航空器运行特点，提出基于影响的雷暴强度判定方法；建立了一种基于概率的 VIS 转化 RVR 的方法，形成 ILS 运行标准预测及决策；建立道面冰雪、低空风切变影响评估算法，为开展特殊天气影响评估决策知识库建设和机场飞行区特殊气象评估功能模块开发提供了计算基础。

参 考 文 献

[1] STOCKER JENNY, JOHNSON KATE, FORSYTH ELLA, et al. Derivation of high-resolution meteorological parameters for use in airport wind shear now-casting applications[J]. Atmosphere, 2022, 13 (2): 95-107.

[2] M H DE WIT, T STATHOPOULOS, J A WISSE. Airport wind speeds used for the design in urban environments: the Eindhoven case[J]. Journal of Wind Engineering & Industrial Aerodynamics, 2002, 90 (11): 1289-1298.

[3] KIM YOUNG J, KYUNG W, et al. Fine particulate matter characteristics and its impact on visibility impairment at two urban sites in Korea: Seoul and Incheon. Atmospheric Environment, 2006, 40: S593-S605.

[4] LEE SEUNG SIN,KIM TAE HEON,et al. Study on effect of low visibility condition at nighttime on traffic accident[J]. The Journal of The Korea Institute of Intelligent Transport Systems, 2014, 13 (2): 12-26.

[5] CLARKE J P B, SOLAK S, REN L, et al. Determi-ning stochastic airspace capacity for air traffic flow man-agement[J]. Transportation Science, 2013, 47(4): 542-559.

[6] CETEK C, CECEN R K. Erroute airspace capacity and traffic flow enhancement using genetic algorithms[J]. Anadolu University Journal of Science and Tech-nology A-Applied Sciences and Engineering, 2017, 18(1): 39-39.

[7] CHEN D, HU M, ZHANG H, et al. A network based dynamic air traffic flow model for en route airspace sys-tem traffic flow optimization[J]. Transportation Re-search Part E Logistics &. Transportation Review, 2017, 106 (C): 1-19.

[8] AHMMED M A, TIGHE S. Concrete pavement surface textures and multi-variables frictional performance analysis: a North American case study[J]. Canadian Journal of Civil Engineering, 2008, 35(7): 727-738.

[9] NORRMAN, JONAS. Slipperiness on roads –an expert system classification[J].

Meteorological Applications 7. 1 (2000): 27-36.

[10] 叶志坚，王红勇，高伟，等. 对流天气下空域通行能力短缺预警及响应综述[J]. 航空计算技术，2014（5）：9-14.

[11] 田勇，杨双双，万莉莉，等. 扇区动态容量评估方法研究[J]. 系统工程理论与实践，2014，34（8）：2163-2169.

[12] 王超，王敏. 空域扇区动态通行能力评估模型[J]. 计算机仿真，2017，34（6）：61-65.

[13] 王莉莉，贾铧霏，位放. 飞行受限区对扇区动态容量的影响[J]. 河南科技大学学报（自然科学版），2017，38（4）：35-38.

[14] 王世锦，曹希，郦晴云，等. 基于不同构型的航路网络节点通行能力研究[J]. 哈尔滨商业大学学报（自然科学版），2017，33（2）：221-228.

[15] 王宽，朱承元，王兴隆. 终端区进场航线交叉点通行能力研究[J]. 科学技术与工程，2017，17（10）：62-67.

[16] EMANUEL K A. Atmospheric Convection [M]. New York: Oxford University Press, 1994.

[17] 中国民用航空局空中交通管理局. IB. TM. 2006. 004，空域容量评估方法指导材料[S]. 北京：中国民用航空局空中交通管理局，2006.

[18] 张序，赵蒙恩，等. 低能见度条件下双流机场的航班运行分析[J]. 科技资讯，2013（31）：212-213.

[19] 王楠，杨洪儒，等. 乌鲁木齐机场恶劣天气影响起飞航班延误的量化研究[J]. 干旱气象，2018，36（4）：684-693.

[20] 潘军成，陈通，等. 能见度与跑道视程在塔台管制中的应用[J]. 中国民航飞行学院学报，2010，21（5）：3-6.

[21] 全林生，全征宇，等. 基于机场 RVR 与 VIS 关系的 VR 放行技术[J]. 中国民航飞行学院学报，2018，29（1）：13-20.

[22] 李蔼恂，吴昊，柳艳香，等. 我国公路低能见度灾害风险评估与区划研究[J]. 气象，2018，44（5）：676-683.

[23] 谷润平，来靖晗，时统宇. 基于 K-means 聚类组合预测的航班延误预警方法[J].中国科技论文，2021，16（10）：1119-1125+1138.

[24] 丁建立，孙玥. 基于 LightGBM 的航班延误多分类预测[J]. 南京航空航天大学学报，2021，53（6）：847-854.

[25]汤筠筠,李长城. 基于灰色聚类和层次分析法的汛期公路交通气象灾害后评估方法[J]. 公路，2011（1）：171-177.

[26] 高德伟. 机场跑道道面积冰主动预警方法研究[D]. 中国民航大学，2019.

[27] 许一飞，叶林，许丹丹，等. 基于多传感器技术的机场地面结冰检测系统[J]. 仪表技术与传感器，2012（9）：36-38.

[28] 马晓刚,胡春丽,焦敏,等. 路面湿滑气象等级研究与建立[J]. 气象与环境学报，2015，31（6）：153-157.

[29] 邢小亮，王孝存，张昱，等. 不良气象微环境对机场道面抗滑性能影响分析[J].交通

信息与安全，2022，40（1）：80-88.

[30] 张曦，浩宇，梁佳，等. 陕西省高速公路路面温度特征及预报模型[J]. 干旱气象，2019，37（6）：1028-1034.

[31] 王丹，高红燕，黄少妮，等. 西—咸机场高速公路灾害性天气特征[J]. 干旱气象，2016，34（4）：731-737.

[32] 王立文，高德伟，陈斌，等. 基于多变量多项式的机场跑道道面积冰预测[J]. 计算机仿真，2019，36（12）：88-92.

[33] 李成功，程静，等. 大型民用客机起飞重量估算方法[J]. 航空学报，2009，30（4）：649-653.

[34] 张陈力子，田永亮，等. 机场条件对民机起飞性能影响规律初探[J]. 民用飞机设计与研究，2018（1）：119-123.

[35] 刘爱中，尚永锋，李世林，等. 民机起飞跑道限制重量的影响因素分析[J]. 机械设计与制造，2015（7）：4.

[36] 班凯. 大中型民用飞机起飞总重估算方法研究[J]. 航空计算技术，2012，42（2）：3.

[37] 丁松滨，马腾宇，范佳凤. 基于飞机最大起飞重量，商载与航程关系的飞机选型研究[J]. 交通运输工程与信息学报，2021，19（1）：10

致　　谢

　　本书在编写的过程中，王曙东参与了第 1 章和第 3 章的编写，并主笔编写了第 5 章；姚锦烽、薛冰参与了第 1 章的编写；陈宇、李志敏、刘鑫、唐千红参与了第 3 章的编写；姜睿娇参与了第 1 章的编写，并主笔编写了第 4 章；丁劲参与了第 1 章的编写，并主笔编写了第 6 章；田华、冯蕾、李蔼恂和林明宇参与了第 1 章和第 7 章的编写，其中田华主笔编写了第 7 章；李克南、武凯军、杨朝虹、杜梦醒、潘丽丽、邵月龄、宋子豪、余宗龙参与了第 2 章和第 8 章的编写。对上述同志的辛勤付出一并表示感谢。